国学一本通

徐　潜◎主编

小窗幽记

明·陈继儒◎著　黄　浩◎译评

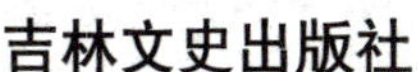

吉林文史出版社

图书在版编目（CIP）数据

小窗幽记/(明)陈继儒著；黄浩译评.—长春：吉林文史出版社，2009.4(2022.1重印)
(国学一本通/徐潜主编)
ISBN 978-7-80702-919-9
Ⅰ.小… Ⅱ.①陈…②黄… Ⅲ.①人生哲学—中国—明代②小窗幽记—注释③小窗幽记—译文 Ⅳ.B825

中国版本图书馆CIP数据核字（2009）第038162号

国学一本通

小窗幽记

出版人/徐 潜

出版发行/吉林文史出版社(长春市人民大街4646号) www.jlws.com.cn
主编/徐 潜
著/陈继儒
译评/黄 浩
项目负责/王尔立
责任编辑/王尔立 樊庆辉
责任校对/李洁华
装帧设计/李岩冰 刘纯青 董晓丽
印刷/北京一鑫印务有限责任公司
版次/2009年4月第1版 2022年1月第4次印刷
开本/720mm×1000mm 1/16
字数/280千字
印张/14
书号/ISBN 978-7-80702-919-9
定价/55.00元

前言

陈继儒(1558年—1639年)，字仲醇，号眉公、麋公，华亭(今上海市松江)人。明代后期著名的文学家、书画家。他二十一岁时曾补了个诸生，后来便不再追求功名。初时隐居于小昆山，双亲亡故后，他又山居于东佘山上。每日专心于经史子集，对稗官野史、佛禅道说以至方术技艺的考校无不严谨。因其名重，明政府曾多次征召，陈继儒均托词坚辞，以布衣而终老。其一生著述颇多，有《眉公全集》编成。

《小窗幽记》是陈继儒读史论经之余，摘句节段编成的一本关于修身、处世、养生的格言小品集。书中文字多出于古代的经史杂著，以及民间的俗谚。语者则或自儒、释、道之教，或为达贵官贾、寒清隐士上下九流。陈继儒按醒、情、峭、灵、素、景、韵、奇、绮、豪、法、倩十二字结卷原则，将所收集的各家妙言巧句分编为十二卷，借以突出他的人生十二字处世原则。

《小窗幽记》虽然可以笼统称之为宣讲人生伦理道德之书，其中也不乏封建文人的教条，但总体而论，其入选的文字多有飘逸超灵、不为世间俗念所拘的自由色彩，多有傲世蔑俗、粪土金钱权贵的平民意识，多有崇尚山水、浮生悠闲的自然态度。可谓是中国人上下数千年与人与世相处的点滴箴言，是对中国文化传统的深刻提炼。欲知中国文化的民间表现，欲知中国人生活的智慧，此书可说是极具价值，不可不读。同时，由于书中摘文骈散各具、上口有韵，因此易读易记；也由于文字多为感觉描述，寓哲理于平实，藏深刻在简言，所以可以说是雅俗共赏。对于我们今人理解现代生活，感悟现代人生，此本《小窗幽记》当是弥足珍贵。

此次点评以1935年中央书店的国学珍本文库第一集第一种《小窗幽记》为底本，参考了1994年浙江古籍“幽兰珍丛”版陈铭点校本。去其讹错，改其误谬，略加简注，形成本书。由于编辑体例所限，多以意译曲解原文，笔误之处实在难免。虽尽力阻挠，仍不免有许多遗憾。恭听大方之家提耳教诲。

国学一本通

小窗幽记

目录

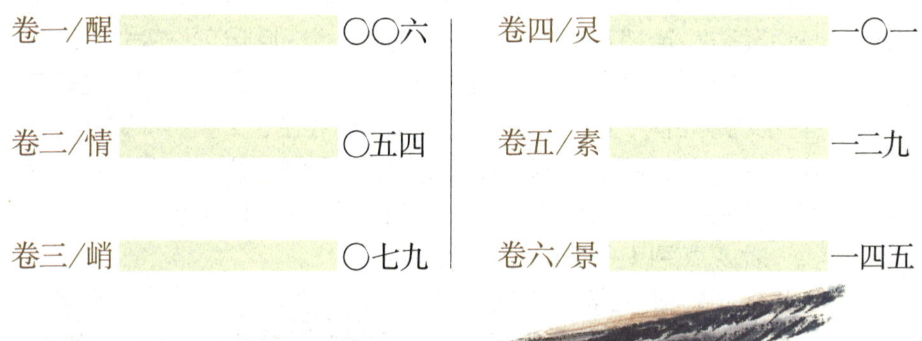

◇目录◇

卷一

醒

食中山之酒[①]，一醉千日。今之昏昏逐逐，无一日不醉：趋名者醉于朝，趋利者醉于野，豪者醉于声色车马。安得一服清凉散，人人解醒[②]？集醒第一。（作者引语）

注释

①中山之酒：相传产于中山的名酒。又称千日酒，可醉人千日。

②醒：指清醒。

译文

饮中山之酒，一醉能千日。今人昏昏噩噩，没有一天不醉：追名声者醉于朝廷，追利益者醉于民间，豪门贵胄醉于声色车马。哪里去得到一服"清凉散"，为每个人解醒？集醒第一。

评点

世人皆为动物，有口要吃，有目要观，有体要衣。每日必需，不可少一日。此为基本需要。人又为万物灵长，有尊严，有面子，有情，有义，有千般想法。每日缠绕，不能停一日。此为"高档需求"。人每每陷于此，甚难自拔。

倚高才而玩世，背后须防射影之虫。饰厚貌以欺人，面前恐有照胆之镜。

译文 

倚恃才高而游戏社会，背后须提防影射小人。装扮厚道老实欺骗别人，面前恐怕会有照出肝胆的镜子。

评点 

家有镜，人人有镜，此镜可照人形。人有眼，人人有眼，此眼能通彻天地。招摇过市，不若身体力行。日伪敦厚，不如本面示人。

怪小人之颠倒豪杰，不知惯颠倒方为小人。惜吾辈之受世折磨，不知惟折磨乃见吾辈。

译文 

责怪小人对豪杰颠倒黑白，不知道惯于颠倒黑白的方为小人。叹惜我辈受到世事折磨，不知道只有折磨才可以显出我辈英雄本色。

评点 

世中有人，便有是非小人。于此不必在意。人中有人，便有慷慨之士。对此不必刻意。小人事莫为，英雄汉毋装。

花繁柳密处拨得开，才是手段。风狂雨急时立得定，方见脚根。

译文 

在花繁柳密的地方拨打得开，才算是手段。在风狂雨急的时候站立得稳，方看出脚的根基。

评点

难做时你做，做好方见功夫。艰难时你韧，韧后才显毅力。

淡泊之守，须从秾艳场①中试来。镇定之操，还向纷纭境上勘过。

注释<<<

①秾(nóng)艳场：充满诱惑的地方。

译文

淡泊的操守，必须从世俗的名利场中考验而来。镇定的品格，还要在是非生死的逆境中经过检验。

评点

淡泊本为淡泊，不必声色犬马旁。镇定便是镇定，哪能战火纷飞中？人生苦短，不容试验。只需心有，一切便足。

市恩①不如报德之为厚，要誉不如逃名之为适，矫情不如直节之为真。

注释<<<

①市恩：指以恩惠取悦旁人。

译文

与其以小恩小惠来讨好别人，不如知恩报德的行为淳朴；与其哗众取宠沽名钓誉，不如逃避虚名适宜；与其故作矫情，不如刚直坦率的真实。

评点

与其在生活中耍一些小手腕，不如朴实无华来得长久。俗话讲：说老实话，办老实事，做老实人。老实人当常在。

使人有面前之誉，不若使人无背后之毁；使人有乍交之欢，不若使人无久处之厌。

译文 

当面称赞别人，不如背后不讲坏话；与其让新朋友感受到初交的热忱，不如让老朋友感受不到长久相处的厌烦。

评点 

真心相对，赛过表面文章。

攻人之恶毋太严，要思其堪受；教人以善毋过高，当原[1]其可从。

注释 <<<
①原：同“源”。此处作“根据”讲。

译文 

批评或攻击他人时不要过于严厉，要考虑到他人的心理承受力；教诲别人做好事时不要要求过高，要考虑到他是否可以做到。

评点 

为他人着想，做事要留有余地。

不近人情，举世皆畏途；不察物情，一生俱梦境。

译文 

如果做人不近人情，你会觉得天下没有好走的路；如果做事不了解事物的道理，你的一生就会像在梦境里，做不成实事。

评点

知人，知事，知天下。

遇嘿嘿[1]不语之士，切莫输心；见悻悻自好之徒，应须防口。结缨整冠之态，勿以施之焦头烂额之时；绳趋尺步之规，勿以用救死扶危之日。

注释 <<<

①嘿：同“默”。

译文

遇到沉默寡言的人，千万不要表示真心；见到自以为是的人，说话须要谨慎。梳妆打扮，不要用在焦头烂额的时候；循规蹈矩，不要使在救死扶危的日子。

评点

俗话讲：话到嘴边留半句。此说虽不全对，但也要因对象而异。同样道理，循规蹈矩也要看时间场合。

议事者身在事外，宜悉利害之情；任事者身居事中，当忘利害之虑。

译文 

臧否事物的人由于身处事外，因此容易洞察利害所在；做事的人处身事内，容易忘记利害的考虑。

评点 

旁观者易清，当局者易迷。

俭，美德也。过，则为悭吝，为鄙啬，反伤雅道；让，懿行也。过，则为足恭，为曲谦，多出机心。

译文 

节俭，是一种美德。节俭过分就是吝啬，就是吝啬成性，反而伤害了节俭的本义；谦让，是善行。谦让过分就是故作恭敬，就是过度谦逊，大多是出于虚伪的心计。

评点 

与人为善，不与人为恶。此为做人之大原则。但人间万事皆不可过分。过分，善行变成了恶行。

藏巧于拙，用晦而明；寓清于浊，以屈为伸。

译文 

将巧智藏于笨拙，利用愚笨来掩饰聪明；将清泉隐于浊水，以委屈为前进。

评点 

切忌锋芒外露。有时后退便是前进。

彼无望德，此无示恩，穷交所以能长；望不胜奢，欲不胜餍，利交所以必忤。

怨因德彰，故使人德我，不若德怨之两忘；仇因恩立，故使人知恩，不若恩仇俱泯。

译文

对方不希图什么好处，自己也不用表示什么恩惠，所以清贫的交往能够长久；期望抵不过奢求，欲望难以满足，所以利益相交必然要发生矛盾。

积怨因善行而显现，因此使人友善于我，不如把德怨二者两忘；仇恨因恩惠而产生，所以使人知道恩德，不如把恩仇二字全部抹掉。

评点

所谓贫贱情易久，富贵义难长。人间恩怨多少？不若江湖相忘。

天薄我福，吾厚吾德以迓[1]之；天劳我形，吾逸吾心以补之；天厄我遇，吾亨吾道以通之。

注释 <<<

①迓(yà)：迎击，抵御。

译文

上天减损我的福气，我用增加我的德行的办法来抵御；上天劳苦我的外形，我用安逸放松我的心情的办法来补充；上天阻塞了我的机遇，我用顺畅吾道的办法来通达。

评点

不必怨天尤人，不必做茧自缚。人心宽，天下均宽。

淡泊之士，必为秾艳者所疑；检饰之人，必为放肆者所忌。事穷势蹙[1]之人，当原其初心；功成行满之士，要观其末路。好丑心太明，则物不契；贤愚心太明，则人不亲。须是内精明而外浑厚，使好丑两得其平，贤愚共受其益，才是生成的德量。

注释 <<<

①蹙(cù)：窘迫。

译文

淡泊处世之人，一定被喜欢修饰热闹的人所疑惑；检点约束之人，一定为无所顾忌者所猜妒。已到穷途窘境之人，要恢复其初始的心境；功成名就之人，要看他后面的路怎样走。好坏的标准太明确，则事物不和谐；贤愚的标准太明确，则人彼此不亲。因此，必须是内心精明而外饰浑厚，使好与坏各得其所和平相处，使贤明和愚昧都有受益，这才算是生德有量。

评点

水至清则无鱼，事至极则必反。凡事要容上一步才好。其实，人世间的许多事本来就是真真假假好好坏坏，不好十分认真。

居盈满者，如水之将溢未溢，切忌再加一滴；处危急者，如木之将折未折，切忌再加一搦[1]。

注释<<<
①搦(nuò)：按，压制，加力。

译文 

事业处在巅峰状态的人，就像水已满而未溢出一样，千万不可以再添加一滴；情况处在危急中的人，就像树木快要折断一样，千万不可以再加上一点力量。

评点 

人生顺利的时候，切忌欲望无度。他人逆境时，不要落井下石。

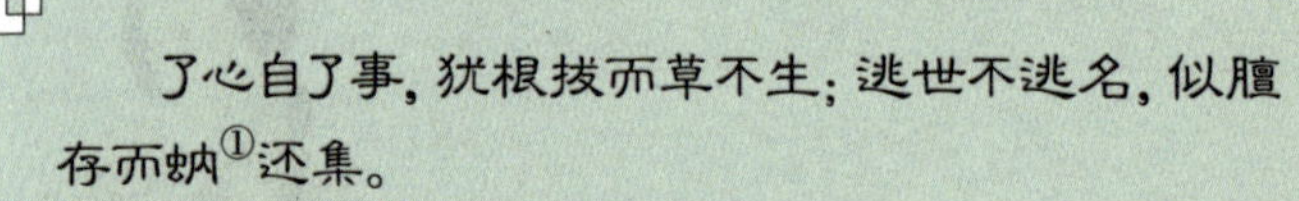

了心自了事，犹根拔而草不生；逃世不逃名，似膻存而蚋[1]还集。

注释<<<
①蚋(ruì)：蚊虫。

译文 

了断了心中之事，自然就没有事了。这就像拔净了草根，草也不能生长一样；如果想远离世事而不同时远离名誉的话，那就像臭味未除，蚊蝇还要聚集一样。

评点 

世间确有万人万事，但归根结底却只有心中之事。心中若无事，世上有何事？

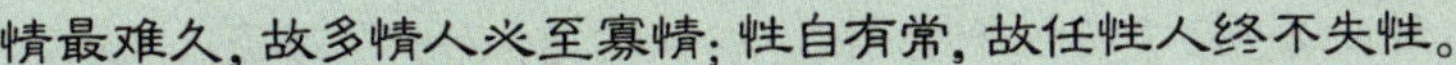

情最难久，故多情人必至寡情；性自有常，故任性人终不失性。

译文 

感情最难以持久，因此所谓多情之人必然要走到寡情的地步；品性自有常规，所以放任心性的人最终也会失去自己的性格。

评点 

世上本无多情之人。此处多情者，他处必然寡情。有寡者，方才有多。

才子安心草舍者，足登玉堂；佳人适意蓬门者，堪贮金屋。喜传语者，不可与语；好议事者，不可图事。

译文 

真正的才子安心草舍刻苦读书，最后会住上豪华的宅邸；美丽的姑娘爱慕穷家书生，值得让书生金屋藏娇。好传话的人，不可以与他说话；好发议论的人，不可以与他共同做事。

评点 

黄金屋与颜如玉，书中也许真有？“长舌妇”与“清谈家”，均会误事误人。

甘人之语，多不论其是非；激人之语，多不顾其利害。

译文 

好听的话，大多不涉及是非曲直；逆耳的话，往往不考虑利害与时机。

评点 

好话顺心，但多为阿谀奉迎，听者需要留意；忠言深刻，但容易伤害感情，说者需要艺术。

惜寸阴者，乃有凌铄千古之志；怜微才者，乃有驰驱豪杰之心。

译文 

珍惜光阴的人，是因为拥有气贯千古的志向；怜悯百姓的人，是因为跳动的是一颗豪杰之心。

评点 

热爱生命，珍惜时光。

待富贵人，不难有礼，而难有体；待贫贱人，不难有恩，而难有礼。

译文 

对待富人，不难做到有礼貌，难的是不易做到得体；对待穷人，不难做到有恩惠，难的是不易做到有礼貌。

评点 

人本无贵贱。做人也不应有三六九等。难的是对每个人都有礼貌，并且礼貌得体。

多读两句书，少说一句话；读得两行书，说得几句话？

评点 

多读圣贤书，少说无益话。书读多了，话说少了。

看中人，在大处不走作；看豪杰，在小处不渗漏。

看中等智慧的人，往往在大事上做不好；看英雄豪杰，在小事上也不会出纰漏。

评点 

世上的事虽有大小之分，但做事的态度和方法却没有两种。何谓英雄豪杰?何谓“中人”?其实无非是看他把事情做得怎样而已。

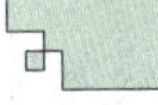

轻财足以聚人，律己足以服人，量宽足以得人，身先足以率人。

译文 

看轻金钱足以聚拢人心，严于律己足以威服人心，量宽容物足以获得人心，身先士卒足以统领人心。

评点 

服人心者，天下第一难事。有私者，人心不服。人服者，无私之心。

从极迷处识迷，则到处醒；将难放怀一放，则万境宽。

译文 

从极端迷乱的地方分辨出迷乱，就到处都是清明地；把难以放下的心事一放下，就会万境宽阔。

评点 

人有迷途，亦有醒境。迷与醒，均在自己心中。

大事难事看担当，逆境顺境看襟度，临喜临怒看涵养，群行群止看识见。

译文 

遇到大事和难事，看你是否能够承受。处在逆境顺境，看你是否拥有胸怀。碰见令人或喜或怒的事情，看你是否涵养过人。与大家在一起做事，看你的见识是否出类拔萃。

评点 

生活平常心平常。平常人在平常中，自然难见不平常。俗语说：事到难时方见性，人在崖头方知险。意即此中。

安详是处事第一法，谦退是保身第一法，涵容是处人第一法，洒脱是养心第一法。

译文 

不急不躁是处理事情的第一方法，谦恭而退是保护自己的第一方法，海涵宽容是与人相处的第一方法，悠闲洒脱是怡养心性的第一方法。

评点 

道家以为，水为至柔至弱，但可以克强克刚。为人为事，此亦一道。

处事最当熟思缓处。熟思则得其情，缓处则得其当。

译文 

遇事进行处置，最恰当的做法是深思熟虑和延宕一下再办。把问题想透了则了解了事情的原委，处理得慢一点则防止偏颇失当。

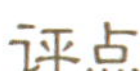

评点

遇事时熟思缓处，说的是要避免情绪化和急躁。不过，这也要看何事何时。事容深思则可以缓处，事急不容深思则不能缓处。

> 必能忍人不能忍之触忤，斯能为人不能为之事功。

译文

只有能忍受常人所不能忍受的挫折，才能做成常人不能做成的事情。

评点

世界非一人之世界，天下亦非一人之天下。人遇忤逆不顺之事，本为极其自然。人与人之差异，就在这一“忍”中。

> 轻与必滥取，易信必易疑。

译文

如果你轻率地给予他人，你也就会任意地从他处攫取。如果你容易轻信别人，你也就会容易对别人疑心。

评点

取和与不过分，信和疑不过限。有度，有节。

> 积丘山之善，尚未为君子；贪丝毫之利，便陷于小人。

译文

善事积累起来像小山一样高，还不能说是君子。贪占哪怕只是蝇头小利，也就变成了小人。

评点 

何以为君子，何以为小人？何为大善，何为小利？心自知矣！

智者不与命斗，不与法斗，不与理斗，不与势斗。

译文 

智慧的人不与命运争斗，不与法律规矩争斗，不与事理情理争斗，不与权贵势力争斗。

评点 

大巧若拙，大智若愚。所谓大智者处事：忍为上，让为高。

才人经世，能人取世，晓人逢世，名人垂世，高人玩世，达人出世。

译文 

有才能的人管理社会，有本领的人战胜社会，明达事理的人把握社会，有名的人名声播扬社会，能力超凡的人游戏社会，通达醒悟的人远离社会。

评点 

普通人则走过社会。

宁为随世之庸愚，勿为欺世之豪杰。

译文 

宁可做一个随波逐流的普通百姓，也不要做欺世盗名的所谓豪杰。

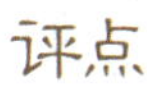 

做普通人，办“简单”事。

天下无不好谀之人，故谄之术不穷；世间尽善毁之辈，故谗人之路难塞。

译文 

天下没有不喜欢奉承的人，所以阿谀拍马之术才不会绝迹；世间尽是善于诋毁别人的人，所以搬弄是非之人的路就难以堵塞。

评点 

人性即如此，世人又待如何？

进善言，受善言，如两来船，则相接耳。

译文 

为他人提供有益的意见，接受别人的有益的建议，就像两条驶来的船一样，是前后顺序连接的。

评点 

帮助别人不是教训别人，接受帮助其实也是接受批评。

清福上帝所吝，而习忙可以销福；清名上帝所忌，而得谤可以销名。

译文 

对不用劳作的清福上帝是很吝啬的，而习惯于忙碌会冲销福分；清美的名声是上帝所忌讳的，而被人诽谤就可以冲销掉这名声。

评点 

已经获得的东西，人们很少珍惜。然而，已经获得的东西也很容易被失掉。

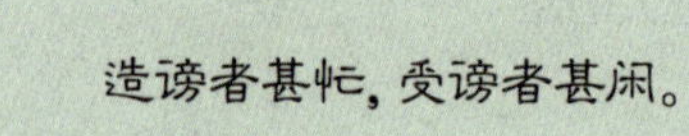

造谤者甚忙，受谤者甚闲。

译文 

制造流言诽谤别人的人特别繁忙，被诽谤诬陷的人却特别悠闲。

评点

诽谤别人，也不是一件容易事。这也是一种忙人。

蒲柳之姿，望秋而零，松柏之质，经霜弥茂。

译文 

水杨身姿摇曳秀丽，但一入秋天就凋零。松柏本质坚强，经霜后愈发茂盛。

评点 

物有所种，人有所异。

神人之言微，圣人之言简，贤人之言明，众人之言多，小人之言妄。

译文 

神仙说话声音不高，圣人说话言简意赅，贤人说话道理清楚，百姓说话喋喋不休，小人说话荒诞不经。

评点 

民间有话：有理不在声高，有用不在多少。

士君子不能陶熔人，毕竟学问中工力未到。

译文 

有修养的人不能影响其他人，主要是由于学习研究中的实际功力还不到火候。

评点 

熔人者，先熔自身。

有一言而伤天地之和，一事而折终身之福者，切须检点。能受善言，如市人求利，寸积铢累，自成富翁。

译文 

有的人一句话就伤害了天地命运，一件错事就断送了终身的幸福。所以，做人切须小心检点。能接纳别人意见中的有益部分，就像商人求利一样，日积月累，自然会成为富翁。

评点 

俄罗斯民间谚语说：爱护衣服要从新的时候开始，爱护名誉要从小的时候开始。知人善纳，是人进步的重要保证。

金帛多，只是博得垂老时子孙眼泪少，不知其他，知有争而已；金帛少，只是博得垂老时子孙眼泪多，不知其他，知有哀而已。

译文 

金银财宝多，只能换来老年时子孙的眼泪少。不知道还有其他的东西，知道的只是争夺财产而已；金银财宝少，只能换来老年时子孙的眼泪多。不知道还有其他的东西，知道的只有悲哀而已。

评点 

有钱亦有痛苦，无钱亦有悲哀。有也苦，无也哀，为人究竟何如？

一念之善，吉神随之；一念之恶，厉鬼随之。知此可以役使鬼神。

译文 

有了一个善良的念头，吉祥的神仙就会随之而来；有了一个罪恶的念头，恶厉的鬼魂就会伴随而来。由是知道，人的善恶的念头可以驱鬼使神。

评点 

神自然没有，鬼自然没有。然而人心之中，却可以什么都有。心中可以有神圣，心中可以有鬼祟。神圣也好，鬼祟也好，善恶而已。

花棚石磴，小坐微醺。歌欲独，尤欲细；茗欲频，尤欲苦。

译文 

在花棚下的石凳上，稍坐微醉。歌要独自吟唱，好听的要悠扬细婉；饮茶而贪杯，好喝的要味道苦甘。

评点 

曲径有幽，微醺小坐。一听歌一品茗，出仙入化也。

气收自觉怒平，神敛自觉言简，容人自觉味和，守静自觉天宁。

译文 

把怨气收起来，就会觉得怒火平息了；把神色收敛一点，就会觉得话也少了；能够容忍别人，就会觉得味道也合适了；把守住心里的安静，就会觉得天下都很平和。

评点 

心躁伤神，气躁伤身。进一步，弓张弦紧；退一步，地阔天宽。

处事不可不斩截，存心不可不宽舒，持己不可不严明，与人不可不和气。

译文 

处理事情不可以不果断，心境不可以不宽广舒展，要求自己不可以不严明，与人相处不可以不和气。

评点

做人很难：糟心事，难听话，讨厌人，你是躲不胜躲；做人也很易：广一步心境，多一尺和气。

居不必无恶邻，会不必无损友，惟在自持者两得之。

译文

居住不一定没有为恶的邻人，聚会不一定拒绝对自己不利有害的朋友，只要自己能够把握住自己，恶邻和损友的存在都不会产生什么影响。

评点

居住要择邻，交朋要择友。然而人间世事难得如意，如何办？自持而已。

要知自家是君子小人，只须五更头检点，思想是什么便得。

译文

要想知道自己是君子还是小人，只需要在五更天的时候早起检查自己，知道自己头脑里想的是什么就可以了。

评点

吾日三省吾身。

以理听言，则中有主；以道窒欲，则心自清。

译文 

以理性去听别人的话，则心中自有主张；以道来控制欲望，则心中自然清明。

评点 

人自无主张，则易听风是雨；对欲望不加控制，则易恶从心生。

先淡后浓，先疏后亲，先远后近，交友道也。

译文 

先淡漠后浓烈，先陌生后熟悉，先疏远后亲近，是交朋友的规律。

评点 

人与人交往，只能如此。

苦恼世上，意气须温；嗜欲场中，肝肠欲冷。

译文 

在充满苦恼的世界上，意气须要温和；在充满欲望的名利场中，肝肠却要冰冷。

评点 

心温情柔走世界，石心铁胆求名利。人处两难世界，左右皆难。

寂而常惺，寂寂之境不扰。惺而常寂，惺惺之念不驰。

译文

在孤独中经常保持清醒，寂静无声的氛围就不会被骚扰。清醒而经常孤独，想清楚的念头就不会逃脱。

评点

孤独和寂静不仅是一种境界，是一种简单意义上的生存状态。对于人生而言，孤独和寂静也是一笔财富。问题是，人在孤独和寂静中要获得理性的清醒。

无事便思有闲杂念头否？有事便思粗浮意气否？得意便思有骄矜辞色否？失意便思有怨望情怀否？时时检点得到：从多入少，从有入无，才是学问的真消息。

译文

无事的时候就想一想是否有过乱七八糟的念头？有事的时候就想一想是否有些心浮气躁的样子？得意的时候就想一想是否有点骄傲自赏的表现？失意的时候就想一想是否有种怨天尤人的情绪？时刻注意检查自己可以明白：从多入少，从有入无，才是人生学问的真谛。

评点

无的时候想一想有，有的时候想一想无，多的时候想一想少，少的时候想一想多。拷问自我，检点是非，阴阳调和，心顺而事顺。

贫贱之人，一无所有，及临命终时，脱一厌字；富贵之人，无所不有，及临命终时，带一恋字。脱一厌字，如释重负。带一恋字，如担枷锁。

译文

贫穷的人一无所有，到了临终的时候，超脱了一个“厌”字；富贵的人无所不有，到了临终的时候，却带着一个“恋”字。超脱而放弃一个“厌”字，就如释重负。拖带而不放一个“恋”字，就如背上了枷锁。

评点

贫穷的人生活艰难，难免对生活生烦发厌；富裕的人生活殷实，难免对生活充满留恋。然而生命对于人却只有一次，贫穷富裕不过是云烟一片。人皆有留恋，人亦皆有厌烦。这与贫与富、穷与裕无甚关碍。

透得名利关，方是小休歇；透得生死关，方是大休歇。

译文

看透并经受住名利关的考验，只是人生中的小休息；看透并经受住生死关的考验，才是人生中的大休息。

评点 

人生在世，大事不过“名利生死”四个字。看透想透，人生便获得了真自由。

> 人欲求道，须于功名上闹一闹方心死。此是真实语。

译文 

人若想去求道参佛，需要在功名利禄上努力折腾一下，没有结果后才能死心塌地。这是实话。

评点 

走入“净土”，心中须净。心净来自心静。若无心寒齿冷之事，若无心凉情断之事，人心怎能不静？

> 古之人，如陈玉石于市肆，瑕瑜不掩。今之人，如货古玩于时贾，真伪难知。

译文 

古时候的人，就像把玉石陈列在市场上，好与坏一目了然不加掩饰。现在的人，就像从时下的商人那里买古董，真伪难以知道。

评点

人心难度。今人之心尤难度。

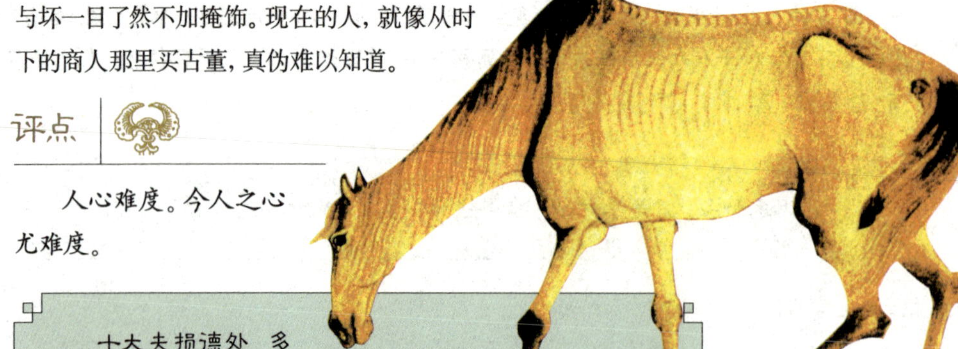

> 士大夫损德处，多由立名心太急。

译文

有知识的人有损害道德的地方，大多是由于出名的心太急切。

评点

岂止知识分子，有损道德者，非名心即利心过急过重。

> 多躁者，必无沉潜之识；多畏者，必无卓越之见；多欲者，必无慷慨之节；多言者，必无笃实之心；多勇者，必无文学之雅。

译文

过分浮躁的人，一定没有深刻的认识；什么都担心的人，一定没有卓越的见解；欲望太多的人，一定没有慷慨的英雄气节；多嘴传话的人，一定没有老实诚信的心；争强斗勇的人，一定没有文学上的雅致修养。

评点

人有多色，物有多种。未必，未必，未必！

> 剖去胸中荆棘，以便人我往来，是天下第一快活世界。

译文

除去胸中的荆棘阻碍，以方便自己与大家交往，这是天下第一快活的事情。

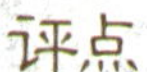

评点

与人交而为友，不亦乐乎？

古来大圣大贤，寸针相对；世上闲言闲语，一笔勾销。

译文

对古往今来的圣者贤人，要针锋相对寸步不让；对世上的闲言碎语，要充耳不闻一笔勾销。

评点

争是非大事，让小怨小结。

斑竹半帘，惟我道心清似水；黄粱一梦，任他世事冷如冰。欲住世出世，须知机①息机②。

注释<<<

①知机：指有预见性。

②息机：指放弃功利之心。

译文

斑竹帘半掩，只有我说心清如水；黄粱梦一觉，任凭他世事寒冷似冰。想处世想出世，都要有预见性和放弃功利之心。

评点

心清如水，心何以会清？世事寒冷，世事何以有情？清也罢情也罢，又是一个“心”字，又是一个“心情”。

书画为柔翰[①]，故开卷张册贵于从容；文酒为欢场，故对酒论文忌于寂寞。

注释 <<<

①柔翰：指毛笔。

译文 

书画是雅致事，所以展开卷轴打开纸册贵在从容不急；饮酒赋诗是快乐事，所以对酒作文切忌平淡寂寞。

评点 

不急不慢，应对不急不慢之事。喧嚣无拘，当在喧嚣无拘之场。

荣利，造化特以戏人。一毫着意，便属桎梏。

译文 

荣华利禄，是老天特地用来戏弄人的。只要有一点在意，就是枷锁。

评点 

想开一点，轻松一点。想不开，便枷锁沉沉。

士人不当以世事分读书，当以读书通世事。

译文 

有知识的人不应当以世事为依据来理解书本知识，而应当以读书所获得的知识来认识世事。

评点 

读万卷书，行万里路。读书与世事互补而已，并无先后之分。书不可不读，世事也不可不知。

天下之事，利害常相半。有全利而无小害者，惟书。

译文 

天下的事情，利与害常常是各半的。具有全利而无小害的东西，只有书。

评点 

若以利害论，无论何种东西均有利害可言。书亦不例外。书可教人，亦可毁人。

调性之法，须当似养花天。居才之法，切莫如妒花雨。

译文 

调理性情的方法，必须像精心养花的日子。获得人才的方法，不要像由妒忌而击落花的雨。

评点 

其实，花开总有花落。只要自然，而不要刻意。

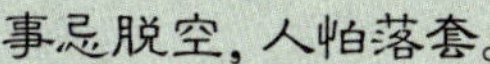

事忌脱空，人怕落套。

译文 

做事最忌讳脱离实际，做人则最怕落入俗套。

评点 

事要“实”，人要“虚”。

会心之语，当以不解解之。无稽之言，是在不听听耳。

译文 

会心之语，应当是不用解释就了解了。没有根据的话，是在不想听的地方听到的。

评点 

心有灵犀，言不必多。耳旁有风，是风即过。

风流淂意，则才鬼独胜顽仙；孽债为烦，则芳魂毒于虐祟。极难处是书生落魄，最可怜是浪子白头。

译文 

风流得意时，就是有才的鬼魂也可以单独战胜顽冥不化的神仙；孽债纠缠时，就是可爱的女魄也比虐鬼狠毒。最难的地方是书生落魄不第，最可怜的人是白了头发不能回家的浪子。

评点 

人到绝境，人到急境，人到情境，方才有勇斗狠。勇与狠，一种境地里的表现。

世路如冥，青天障蚩尤之雾①；人情若梦，白日蔽巫女②之云。

注释 <<<

①蚩尤之雾：此处代指恶人作雾遮蔽天空。

②巫女：指美女。

译文 

世上的路像黑夜一样，白天也被坏人恶事搞得不见天日；人间的情感像梦一样，白天也让美女情思搞得云山雾罩。

评点 

世路险恶，但世路仍是路。巫山有云，但巫云不必是云。

打浑随时之妙法，休嫌终日昏昏。精明当事之祸机，却恨一生了了。藏不得是拙，露不得是丑。

装糊涂是顺应时世的妙法，不要嫌每天无事是浑噩混世。精明是遇事时的祸根，需要恨的是一生聪明。不应该藏起来的是拙智，不应该露出来的是丑行。

评点 

露拙藏丑，可谓人生又一境界。藏丑宜解，露拙却不易解。故意外露之拙，究竟是拙还是其他？

豪杰向简淡中求，神仙从忠孝上起。

译文 

英雄豪杰要向简朴淡泊的生活中求得，成神为仙要从忠义孝敬上开始做起。

评点 

生活简淡出豪杰，忠孝有致成神仙。

人不得道，生死老病四字关，谁能透过？独美人名将，老病之状，尤为可怜。

译文 

人若不能得道，生、死、老、病四个字的关口又有谁能通得过？特别是美人和名将，衰老疾病之状，让人觉得尤为可怜。

评点 

得道者，又如何“透过”四字之关？道与不道，生死老病关均要有过。道者与非道者，区别于心境重轻而已。美人名将，一代枭雄也。所谓虎落平阳，雄鹰折羽。两极端，两反差，两滴眼泪而已。强极而弱，规律是也。

平生不作皱眉事，天下应无切齿人。

译文 

一生不做让别人皱眉头的事，天下应该没有切齿仇恨的人。

评点 

皱眉头本为人生常事，能少一点便好了。切齿恨本为人生一事，与眉头皱与放无关。

暗室之一灯，苦海之三老[1]，截疑网之宝剑，抉盲眼之金针。

注释<<<

①三老：古代把舵工称为“三老”。

译文 

暗室里的一盏灯，行度苦海的把舵人，斩断怀疑之网的宝剑，穿过盲眼的金针。

评点 

雪中之炭火，涉水之船舟。人生在世，紧急里需要援手。

天下无难处之事，只要两个“如之何？”天下无难处之人，只要三个“必自反”。

译文

天下没有难处之事，只要问自己两个“怎么样？”天下没有难处之人，只要问自己三次“我会怎么办？”

评点 

责人亦当问己，怨人不如自严。

能脱俗便是奇，不合污便是清。处巧若拙，处明若晦，处动若静。

译文 

能超脱俗套便是奇才，不合于污浊便是清纯。处在需要机巧之时要显得有些笨拙，处在明亮之地就像呆在昏暗之中，处在动荡不安的状态就像平静无事一样。

评点 

中庸，执中，不走极端，中国人的做人智慧。可以聪明，可以潇洒，可以无所谓。何为“不可以”呢？

世人皆醒时作浊事，安得睡时有清身？若欲睡时得清身，须于醒时有清意。

译文 

世上的人都是醒的时候做龌龊事，到哪里去寻找睡梦时的清白身？要想睡的时候能有清白身，必须在醒的时候有清白的意念。

评点 

清与浊，人生两境界。其与醒梦无关。

好读书非求身后之名，但异见异闻，心之所愿。是以孜孜搜讨，欲罢不能，岂为声名劳七尺也。

译文

爱好读书并非是为了追求身后的名声，只是因为书中有不同的见解和不同的见闻，这是心里所期盼和希望的。因此才不断地搜寻和研究，想停下来也做不到，怎么能为所谓的名声而劳动自己呢！

评点

声名在身后，与己何干？读书在生前，只是己愿。然而“自由态”的读书，也许前人才有。在今人，读书常是为了博取功名。

招客留宾，为欢可喜，未断尘世之扳援。浇花种树，嗜好虽清，亦是道人之魔障。

译文

招待客人留住宾朋，其中多少欢乐喜悦，还没有断绝尘世的牵挂。浇花种树，嗜好虽然清雅，也是向道之人的魔障。

评点

为道也是一种嗜好，其与浇花种树又有何差别？宾朋虽为俗人之物，神人又有谁无宾朋？

入道场而随喜，则修行之念勃兴。登丘墓而徘徊，则名利之心顿尽。

译文

进入道场而随之欢喜，就会有修行的念头突然产生。登上巨大的坟墓而徘徊不止，就会把名利之心全都抛弃。

评点

人出道场，人去丘墓，又会如何？

真放肆不在饮酒高歌，假矜持偏于大庭卖弄。看明世事透，自然不重功名。认得当下真，是以常寻乐地。

译文 

真正的潇洒不在于饮酒时高歌，假正经偏要在大庭广众前卖弄。看明参透了世事，自然就不看重功名。认识眼前的真是什么，所以会经常找到欢乐的地方。

评点 

矜持无所谓真假，一般不要。潇洒不在于饮酒，何时都行。

人生待足何时足？未老得闲始是闲。

译文 

人生要等待满足何时会满足？年轻未老的时候得到休闲才是真正的休闲。

评点 

不想一事便是足，不做一事便是闲。此为足，此为闲，此为人生？

谈空反被空迷，耽静多为静缚。

译文 

谈论“空”反要被“空”所迷惑，沉溺于“静”又多为“静”所束缚。

评点

空非真空，空中有不空。静非真静，静中有不静。

事理因人言而悟者，有悟还有迷，总不如自悟之了了；意兴从外境而得者，有得还有失，总不如自得之休休。

译文

对于事物的道理由于别人说了才明白的人，有明白就还要有糊涂。总之，不如自己悟出来的明白透彻；对于意趣兴味要从外面获得的人，有所得还要有所失。总之，不如自己习得来得从容。

评点

道理是大家的，思考却是自己的。拾人牙慧，不做思索，人生大忌。

白日欺人，难逃清夜之愧赧。红颜失志，空遗皓首之悲伤。定云止水中，有鸢飞鱼跃的景象。风狂雨骤处，有波恬浪静的风光。

译文

白天里欺侮别人，难以逃脱月淡风清之夜的愧疚。青年时失去志向，到头来会空遗白头时的悲伤。云彩不动静止水中，有鹰飞鱼跃的景象。风狂雨骤的地方，有浪平波静的风光。

评点

为人莫做亏心事，夜半哪有鬼叫门？人无远虑，就有近忧。

富贵之家，常有穷亲戚来往，便是忠厚。

译文

富裕尊贵的人家，经常有穷亲戚来往，这就是为人忠厚。

评点 

人情难过富贵关，人心难走金钱门。

朝市山林俱有事，今人忙处古人闲。

译文 

官场商场隐居山林，都免不了世事纷扰。在今人奔忙的地方，过去的古人却是很悠闲的。

评点 

官山、金山、化外之山，山山不同却又同。大事、小事、是非之事，事事不一却又一。

人生有书可读，有暇得读，有资能读，又涵养之如不识字人，是谓善读书者。享世间清福，未有过于此也。

译文 

人生中有书可以读，有时间读书，有资质能够读书，又有充分的涵养就像不识字的人一样，才是所谓善于读书的人。享受世间的清福，没有超过这件事的。

评点

于读书人而言，读书当然为极乐之事。但世间的清福却是人人不同，读书只为一件而已。

商贾不可与言义，彼溺于利；农工不可与言学，彼偏于业；俗儒不可与言道，彼谬于词。

译文

不可以跟商人谈义，因为他沉溺在“利”中；不可以跟农民工人谈学问，因为他偏重于操作；不可以跟庸俗的知识分子谈道，因为他纠缠于词句。

评点

话语要看对象，弹琴要有听众。交流，有交才有流。二者不能偏废。

明霞可爱，瞬眼而辄空。流水堪听，过耳而不恋；人能以明霞视美色，则业障[1]自轻。人能以流水听弦歌，则性灵[2]何害？休怨我不如人，不如我者常众。休夸我能胜人，胜如我者更多。

注释<<<

①业障：指妨碍修行正果的罪业。

②性灵：内心世界，智慧聪明。

译文

明丽的云霞可爱，但转眼就消失了。流水的声音动听，但过耳就无法再留恋了；人如果能以云霞为例而看待美色，那么业障自然就轻了。人如果能以流水为例而去听闻音乐，那么性灵又怎么能受到伤害呢？不要埋怨我不如别人，不如我的人有相当多。不要称赞我比别人强，比我强的人有更多。

评点

美丽的外表并不持久，美丽的景色难以久恋。年少者，莫为美丽的言词所迷惑；年长者，莫为美丽的外表所动摇。年轻人忌轻信，年迈人忌美色。

人心好胜，我以胜应必败。人情好谦，我以谦处反胜。

译文

人在心里面都喜欢争胜要强，我认为争胜要强所对应的就是一定失败。人在情感上喜欢谦虚忍让，我认为谦虚忍让的地方反而就是胜利。

评点

世人说：人争一口气，佛争一炷香。争胜者有何胜争？争无止境，胜无止境。

人言天不禁人富贵，而禁人清闲。人自不闲耳。若能随遇而安，不图将来，不追既往，不蔽目前，何不清闲之有？

译文

人们常说老天不禁止人富裕尊贵，禁止的是人的清闲。人自然是闲不着的。如果能够随遇而安，不去考虑将来，不去追究过去，不被目前的事情所蒙蔽，怎么能没有清闲呢？

评点

清闲是心境，清闲不仅仅是时间上的空闲。人生中难得有闲，人生中更难清闲。纷纭复杂世事，日日紧张难安。不必奢求时间，只求心有盘桓。

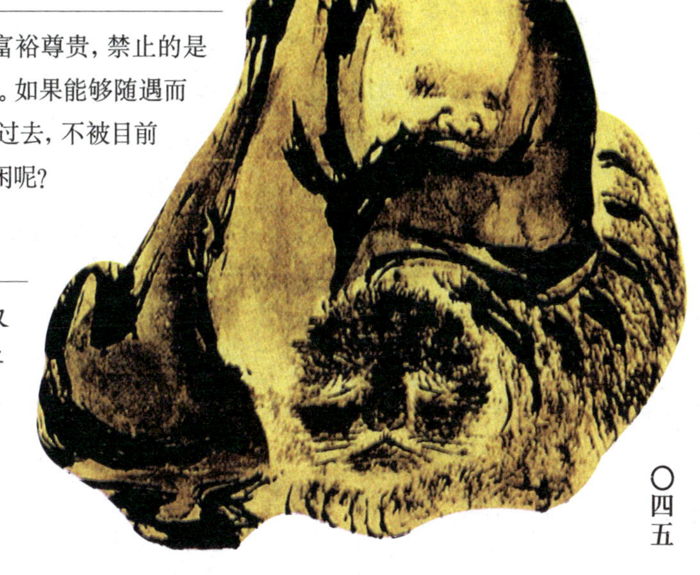

有誉于前，不若无毁于后。有乐于身，不若无忧于心。

译文 

有称赞在面前，不如背后没有人毁谤。有欢乐在身旁，不如心中没有忧虑。

评点 

人前背后，何必担忧？

富时不俭贫时悔，潜时不学用时悔，醉后狂言醒时悔，安不将息病时悔。

译文 

富裕的时候不知节俭，到贫困的时候就会后悔；平常的时候不知道学习，到使用的时候就会后悔；喝醉的时候口出狂言，酒醒的时候就会后悔；身体好的时候不知注意，到有病的时候就会后悔。

评点 

人生世事，皆为过程。过程之中，皆陷痴迷。心醒者，天下几何？

攻玉于石，石尽则玉出。淘金于沙，沙尽则金露。

评点 

凡事，历尽艰辛；凡人，历尽磨难。如此之后，才有玉，才有金，才有英雄豪杰。

乍交不可倾倒，倾倒则交不终。久与不可隐匿，隐匿则心必崄[①]。

注释 <<<

①崄：同“险”。此指阴险。

译文 

刚刚交往的时候不可以畅所欲言，畅所欲言则交往不会善终。长久的交往不可以有隐匿的地方，有隐匿的地方则用心一定阴险。

评点 

未必，未必。否则何解一见倾心？何解话到嘴旁留半句？

丹之所藏者赤，墨之所藏者黑。

译文 

朱红藏身的地方是红色，墨色藏身的地方是漆黑。

评点 

藏，本不必藏。非藏，即是藏。

懒可卧，不可风。静可坐，不可思。闷可对，不可独。劳可酒，不可食。醉可睡，不可淫。

译文 

舒懒的时候可以卧睡，不可以撒疯若狂。宁静的时候可以沉坐，不可以深思长虑。苦闷的时候可以与友相对，不可以孤心独处。劳累的时候可以饮酒，不可以饱食。大醉的时候可以自睡，不可以淫意放纵。

评点 

如此，何以为人？如此，又何人能为？

拨开世上尘氛，胸中自无火炎冰兢。消却心中鄙吝，眼前时有月到风来。

译文 

拨开了世上的红尘，心里边自然就没有了火烤冰冻的感觉。消弭了心里的庸俗贪婪，眼前就会有月明风清的景象。

评点 

世事有沉浮，世人难脱俗。如此尘世外，怎入“五行”中？除非不吃五谷，否则就真是“月到风来”了。

驷马难追，吾欲三缄其口。隙驹易过，人当寸惜乎阴。

译文 

驷马难追，所以我说话时要十分谨慎。时间易过，所以人们要珍惜一寸光阴。

评点 

人要慎重，水要慎流。

万分廉洁止是小善，一点贪污便为大恶。

译文 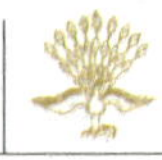

万分的廉洁，只不过是平常的小小善行。只要有一点点贪污，就是不可容忍的罪恶。

评点 

为官者廉洁，为人者干净，官道人道而已。

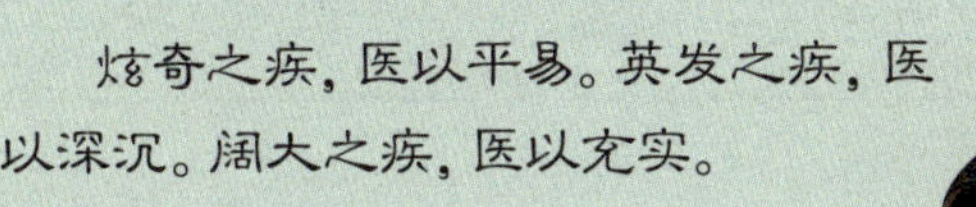

炫奇之疾，医以平易。英发之疾，医以深沉。阔大之疾，医以充实。

译文 

对于喜欢显示与众不同的“疾病”，要用平易去医治。对于英豪之气勃发不群的“疾病”，要用深沉去医治。对于好大喜功的“疾病”，要用充实去医治。

评点 

此为“铲平哲学”。以人生而论，或当如此。人不执著，无以成大器。人若执著，却又终难免于器成又碎。于是，凡事极端不得。

才舒放即当收敛，才言语便思简默。

译文 

刚刚放纵一点，马上就应当收敛。刚刚才开口说话，便要想到缄默不语。

评点 

不过度即为恰好，不应当以“才舒放”或“才言语”为界限。

贫不足羞，可羞是贫而无志。贱不可恶，可恶是贱而无能。老不足叹，可叹是老而虚生。死不足悲，可悲是死而无补。身要严重，意要闲定，色要温雅，气要和平，语要简徐，心要光明，量要阔大，志要果毅，机要缜密，事要妥当。

译文 

穷困不足以羞愧，可羞愧的是穷困而没有志气。贫贱不让人讨厌，让人讨厌的是贫贱而没有能力。年老不足以叹息，可叹息的是年老而虚度一生。死亡不足以悲哀，可悲哀的是死亡而于事无补。身形要庄重，意念要安定；神色要温雅，心气要和平；语言要简单缓慢，心地要光明正大；器量要阔大容物，意志要果敢坚毅；大事要缜密思考，处事要妥当周全。

评点 

处世亦需原则。原则者，做事的尺度。

富贵家宜学宽，聪明人宜学厚。

译文 

富贵的人家应该学习宽容，聪明的人应该学习忠厚。

评点 

富贵者只是富贵而已，并非有专横野蛮的权利。聪明人仅是聪明而已，绝不能自以为聪明而耍小聪明。

休委罪于气氏，一切责之人事。休过望于世间，一切求之我身。

译文 

不要推托责任生气盲目，什么事都责备他人。不要对社会有什么奢望，什么事都不如求自己。

评点

天怨不得，人怨不得，不怨其他，只怨自己。

> 大凡聪明之人，极是误事。何以故？惟真聪明生意见，意见一生，便不忍舍割。往往溺于爱河欲海者，皆极聪明之人。

译文

大凡聪明的人，都非常误事。什么原因？主要是因为其聪明就容易产生意见，意见一出现，就不忍心放弃。往往沉溺于爱河欲海不能自拔的人，都是极聪明的人。

评点

聪明人只误聪明事，聪明事只由聪明人误。从长远处讲，聪明人其实不误事，或者很少误事。因为他知道，误事便不聪明。

> 是非不到钓鱼处，荣辱常随骑马人。

译文

是非不到钓鱼的地方，荣辱经常跟随着有权有势的人。

评点

钓鱼处，人心在鱼而不在是非。名利人争名利，荣辱自然相随。

> 名心未化，对妻孥亦自矜庄。隐衷释然，即梦寐皆成清楚。

译文 

争名誉之心未化解，对家人也故做矜持庄重。心里的负担放下了，就是睡梦也全都变成了清楚。

评点 

人有多副“面孔”，人生亦有多种“角色”，只怕一副面孔装久了，一个角色演熟了，就此便“卸”不了妆了。

> 名利场中难容伶俐，生死路上正要糊涂。

译文 

名利场里难以容下聪明伶俐，生死路上正需要糊糊涂涂。

评点 

名利场即是生死路，生死路亦经名利场，莫显伶俐，要充糊涂。

> 我有功于人，不可念，而过则不可不念。人有恩于我，不可忘，而怨则不可不忘。

译文 

我对别人有功劳，不可以记念，而我对别人有过失却不可以不记念。别人对我有恩惠，不可以忘记，而别人对我有怨恨却不可以不忘记。

评点

严以责己，宽以对人。

己情不可纵，当用逆之法制之，其道在一"忍"字。人情不可拂，当用顺之法制之，其道在一"恕"字。

译文 

自己的情感不可放纵，应该用相逆的办法管制它，这中间的原则是一个"忍"字。别人的情绪不可冲撞拂忤，应该用柔顺的办法管制它，这中间的原则是一个"恕"字。

评点 

人情人情，人情只有一个"恕"字。一个"恕"字，便是人情。

昨日之非不可留，留之则根烬复萌，而尘情终累乎理趣。今日之是不可执，执之则渣滓未化，而理趣反转为欲根。

译文 

昨天的错误不可以保留，保留就一定会死灰复燃，因而尘世之情最终会连累义理情趣。今天的成绩不可以念念不忘，念念不忘就一定如同渣滓未有开化一般，因而义理情趣反而转化为欲念。

评点 

错误，人所难免。错误，却不可以重犯。成绩，人所难免。成绩，却不可以居功。

卷二

情

语云：当为情死，不当为情怨。明乎情者，原可死而不可怨者也。虽然既云“情”矣，此身已为“情”有，又何忍死耶？然不死终不透彻耳。韩翃之柳[①]，崔护之花[②]，汉宫之流叶[③]，蜀女[④]之飘梧[⑤]，令后世有情之人咨嗟想慕。托之语言，寄之歌咏，而奴无昆仑[⑥]，客无黄衫[⑦]，知己无押衙[⑧]，同志无虞侯，则虽盟在海棠，终是陌路萧郎[⑨]耳。集情第二。（作者引语）

注释 <<<

①韩翃（hóng）：唐代南阳人。字君平。为“大历十才子”之一。官居中书舍人。韩翃之柳：韩翃曾与当时艳伎柳氏交往。后柳氏嫁于韩翃，两人情笃。韩翃作“章台柳”词赠予柳氏，柳氏亦曾有词回赠。柳氏后来为番将沙吒利所劫持，是一个叫许俊的人用计将柳氏劫出，韩柳二人始又重见。

②崔护：唐代博陵人。字殷功。唐贞元间及第，官终岭南节度使。崔护之花：有一年清明，崔护独游城南。见一庄宅为桃花所环绕，崔前往讨水求饮。有一女子前来开门，问了姓名，与崔护杯水。其女颇有姿色，崔护印象甚深。来岁清明，崔护又去城南寻旧。只见门已上锁，人不知去向。崔护于是在左门扉上题诗说：“去年今日此门中，人面桃花相映红。人面不知何处去，桃花依旧笑春风。”据孟棨《本事诗》称，数日后崔护又去，闻见哭声。有一老人出门问道：“子崔护耶？吾女读左扉诗，绝食而死。”于是，崔护随老父进屋，其女后复活，并与崔护同归。后人用“人面桃花”或“崔护之花”，来形容男女邂逅相悦，随即分离，而男子追念旧事旧人。

③汉宫：汉朝的宫殿。借指其他王朝的宫殿。汉宫之流叶：据《太平广记》载，唐宣宗年间，卢渥（后官中书舍人）进京应考。在皇宫外的水沟中发现了一

片红叶，其叶上有绝句一首。诗云："流水何太急，深宫尽日闲。殷勤谢红叶，好去到人间。"

④**蜀女**：蜀王宫女。此指宫女。

⑤**飘梧**：孟棨《本事诗》中载：顾况在洛阳的时候，与三位朋友游于苑中。在流水中拾到一大梧桐树叶，叶上题诗说："一入深宫里，年年不见春。聊题一片叶，寄与有情人。"顾况第二天到上游，把一叶题诗后放入水中。诗说："花落深宫莺亦悲，上阳宫女断肠时。帝城不禁东流水，叶上题诗欲寄谁？"过了十几天，有人又从水中寻得梧叶诗，给顾况看了。诗说："一叶题诗出禁城，谁人酬和独含情？自嗟不及波中叶，荡漾成春取次行。"

⑥**昆仑奴**：古代豪门富户以南海国人为家奴，称昆仑奴。唐代裴铏《传奇·昆仑奴》有昆仑奴磨勒，其负主人崔生逾十重墙垣，去与红绡妓相会，并帮助其出奔的故事。（见《太平广记》卷194）。

⑦**黄衫客**：传说为唐代的侠义之士。唐人蒋防在传奇《霍小玉传》中描写了陇西李益与妓女霍小玉初时同居，得官后又聘娶表妹而抛弃霍小玉的故事。当故事里的霍小玉悲恸欲绝时，忽有豪侠之士黄衫客挟持李益前去。后人多以"黄衫客"为解危济困义士的同义语。

⑧**押衙**：古代官名。系管领仪仗的侍卫。唐宋时称"押牙"，后讹变为"押衙"。

⑨**萧郎**：古代文学中女子称呼其所喜欢男子的代称。

译文

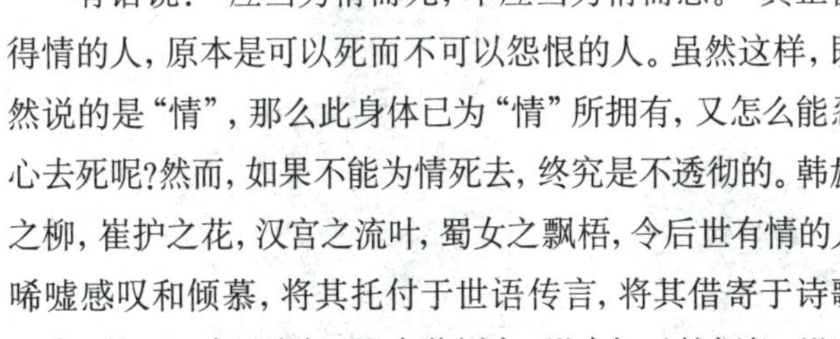

有话说："应当为情而死，不应当为情而怨。"真正懂得情的人，原本是可以死而不可以怨恨的人。虽然这样，既然说的是"情"，那么此身体已为"情"所拥有，又怎么能忍心去死呢？然而，如果不能为情死去，终究是不透彻的。韩翃之柳，崔护之花，汉宫之流叶，蜀女之飘梧，令后世有情的人唏嘘感叹和倾慕，将其托付于世语传言，将其借寄于诗歌词咏。然而没有昆仑奴，没有黄衫客，没有知己的押衙，没有同心的虞候，则虽有海棠下的山盟海誓，终究是陌路上的萧郎。集情第二。

家胜阳台[①]，为欢非梦。人惭萧史[②]，相偶成仙。轻扇初开，忻看笑靥。长眉始画，愁对离妆。广摄金屏[③]，莫令愁拥。恒开锦幔，速望人归。镜台新去，应余落粉。熏炉未徙，定有余烟。泪滴芳衾，锦花长湿。愁随玉轸[④]，琴鹤恒惊。锦水丹鳞[⑤]，素书稀远。玉山[⑥]青鸟[⑦]，仙使难通。彩笔试操，香笺遂满。行云可托，梦想还劳。九重千日，讵想倡家[⑧]。单枕一宵，便如浪子。当令照影双来，一鸾羞镜；勿使推窗独坐，嫦娥笑人。

译文

家庭胜过男女一时之欢，为欢并非是梦境。常人羞愧于萧史，夫妻恩爱两成仙。设置大大的金屏，不要让忧愁相伴。常常拨开床边锦幔，盼望在外的人速归。梳妆台刚刚失去，应当还有一些香粉余留。熏炉没有搬走，一定会有余烟。泪水落在衣衫上，心头也经常被泪水湿润。思愁伴随着调弦，琴鹤也时常受惊。锦水丹鳞，书信稀少。亲人远去，仙鸟也难为信使。执笔书信，话多纸短。飘向远方的云彩可以托付吗?睡梦里还没有停止思念。无论是多少时间，怎么能不想你?孤单一人入眠，便如同无家可归的浪子。应当让镜子中照出两个人，女儿在镜中羞涩可爱。不要推开窗子独自静坐，让女儿笑对别人。

评点

人生有男女，男女亦人生。人在情中行，情在心中生。人非无情物，如何解情声?

注释 <<<

①阳台：宋玉《高唐赋》序中称："昔者先王曾游高唐。怠而昼寝，梦见一妇人，曰：'妾巫山之女也，为高唐之客，闻君游高唐，愿荐枕席。'王因幸之。去而辞曰：'妾在巫山之阳，高山之岨，旦为朝云，暮为行雨，朝朝暮暮，阳台之下。'"后人因此以"阳台"指男女欢会之所。

②萧史：相传为春秋秦穆公时人。其善吹箫，能引来白鹤孔雀。穆公将女儿弄玉嫁给萧史。萧史教弄玉吹箫作凤鸣，将许多凤凰引进了屋中。穆公为其筑凤台而居，数年后，二人随凤凰飞去了。

③广摄金屏：《旧唐书·后妃传上·高祖太穆皇后窦氏》中有载——"毅(窦氏父亲)闻之，谓长公主曰：'此女才貌如此，不可妄以许人，当为求贤夫。'乃于门屏画二孔雀，诸公子有求婚者，辄与两箭射之，潜约中目者许之。"后人以"金屏雀"为被人选中为婿之典。

④轸(zhěn)：弦乐器上转动琴弦的轴。此处指琴本身。

⑤锦水丹鳞：指远方书信。

⑥玉山：古代传说中的仙山。

⑦青鸟：传说中西王母所使的神鸟。

⑧倡家：古代指从事音乐歌舞的乐人。后亦以此代称妓女。此处系指佳偶。

几条杨柳，沾来多少啼痕；三迭《阳关》，唱彻古今离恨。

译文 

念诵几句《杨柳枝》，引来多少泣声眼泪；《阳关》曲反复吟唱，唱尽了古今的离愁别恨。

评点 

人生里多少男女故事，世事上多少悲欢离合。

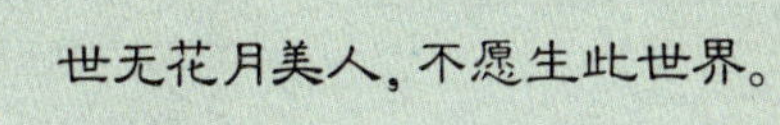

世无花月美人，不愿生此世界。

译文 

世界上如果没有风花雪月和美人，那么(我)就不愿来到这个世界上。

评点 

人有情，风月亦有情。

荀令君[①]至人家，坐处留香三日。

译文 

荀令君到别人家，坐下的地方会留香三日。

评点 

男人用“香”，何义？

注释 <<<

①荀令君：即荀彧。汉末三国时期人，字文若。曹操任为奋武司马。传说荀彧曾得异香，用以熏衣，余香三日不断。后人以“荀令君”来譬喻奇香。

弄绿绮之琴[1]，焉得文君之听？濡彩毫[2]之笔，难描京兆之眉[3]。瞻云望月，无非凄怆之声。弄柳拈花，尽是销魂之处。

注释 <<<

①绿绮之琴：泛指琴。

②彩毫：画笔。也指绚丽的文笔。

③京兆之眉：汉代京兆尹张敞善为妻子画眉，长安城中因此有"张京兆眉妩"的传言。后用来称女子眉样好看。

译文 

拨弹绿绮之琴，哪里去找卓文君的欣赏？润湿了彩毫之笔，难以描画出京兆女子的眉睫。观云望月，有的只是凄凉啜泣之声。弄柳拈花，都是销魂的地方。

评点 

有了司马相如，方才有了卓文君。有了卓文君，才又来了司马相如。否则？否则！

悲火常烧心曲，愁云频压眉尖。

译文 

悲切的火经常烧在心里，愁苦的云不断压上眉梢。

评点 

人心难离别，离别多愁苦。

五更三四点，点点[①]生愁。一日十二时，时时寄恨。

注释 <<<

①点：古代夜间计时单位。一夜分五更，一更分五点。

评点 

黎明多思念，傍晚多哀伤。

燕约莺期，变作鸾悲凤泣；蜂媒蝶使，翻成绿惨红愁。

译文 

私下里的幽会，变成了你悲我泣。君子本为成人之美，反倒引来了女苦男愁。

评点 

可谓相见时难别亦难。

花柳深藏淑女居，何殊三千弱水[①]；雨云不入襄王梦，空忆十二巫山。

注释 <<<

①三千弱水：原指神话中险恶难渡的河海，此指爱海情人甚多。

译文 

深藏在花柳之中的淑女之居，与爱河情海里的“弱水”有何不同？爱情的雨云并未成为现实，心中空想着那云遮雾远的巫山。

评点 

两情只要相悦，又何来得花街柳巷？若不能朝朝暮暮，又何有巫山远近的遗憾？

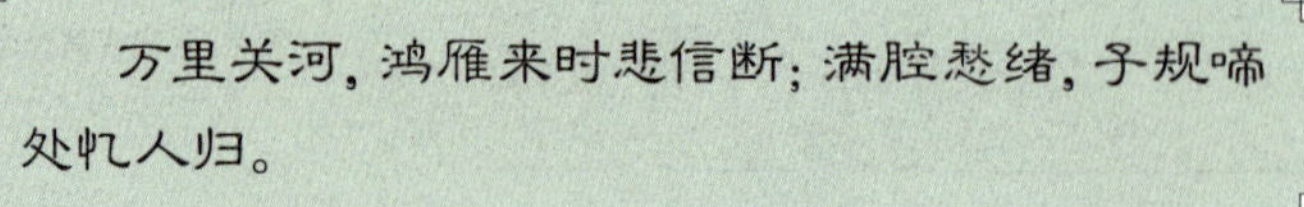

万里关河，鸿雁来时悲信断；满腔愁绪，子规啼处忆人归。

译文

边关万里遥远，使人悲伤的是，信使来了，却未见书信。满腔忧愁情绪，在子规鸟叫的地方，思念着离人归来。

评点

人走四方，根在家乡。人去万里，家有盼望。

慈悲筏济人出相思海，恩爱梯接人下离恨天。

译文

用慈悲的“筏”渡人出相思之海，用恩爱的“梯”接人下离恨之天。

评点

相思海苦渡，慈悲难成水筏。离恨天难逃，恩爱可做木梯。

费长房[1]缩不尽相思地，女娲氏补不完离恨天。

译文

费长房无法缩小相思两地的距离，女娲也补不完别离怨恨的长天。

注释 <<<

①费长房：据说为后汉汝南人。传说有一次，费长房在市场上看到一个卖药的老人，他在房头上吊了一个壶。散市后，老人就跳入壶中。费觉得甚惊奇，于是想拜老人为师而求道。老人交给费一支青竹，让他挂在自家屋后。家人见到这根竹子时，就是费的样子，以为他自杀了，就为他下了葬。费长房就此与老人进了深山，结果学道不成。老人给费一根竹杖，说：“骑着它可以任意到什么地方。”又画了一道符给他，说：“用这道符可以管理地上的鬼神。”费骑着竹杖回家了，说才去了十天，其实已经走了十多年。后来由于弄丢了咒符，费长房为众鬼所杀。

评点 

两情若相悦，神仙又奈何？离愁与别恨，谁人又能脱？

孤灯夜雨，空把青年误。楼外青山无数，隔不断新愁来路。

译文 

夜雨里守着孤灯，空把青春年华耽误。楼外虽有青山无数，但阻挡不住新愁的来路。

评点 

灯不误人，人自误。

黄叶无风自落，秋云不雨长阴。天若有情天亦老，摇摇幽恨难禁。惆怅旧人如梦，觉来无处追寻。

译文 

黄色的树叶无风自落，秋天的云彩不雨长阴。天若有情天亦老，深藏于心中的怨恨难以禁止。对旧人的惆怅如若梦境，清醒时却无处追寻。

评点 

天虽有雨，心本自晴。只怕心中一片积雨浓云，如何来眼前天高云淡。

阮籍邻[1]家少妇，有美色，当垆沽酒。籍常诣饮，醉便卧其侧。隔帘闻坠钗声而不动念者，此人不痴则慧。我幸在不痴不慧中。

注释

①阮籍：魏晋时人。字嗣宗。

译文

阮籍邻居家的少妇，长得挺漂亮，在酒垆前卖酒。阮籍经常前往饮酒，喝醉了就躺在其旁边。能够隔着布帘听到少妇头钗落地声而不动念头的人，这人不是痴呆就一定是极其聪明。我幸好在不那么痴呆和不那么聪明中间。

评点

人有念否，何人可知？慧与不慧间，常人也。

桃叶题情，柳丝牵恨。胡天胡帝[1]，登徒[2]于焉怡目；为云为雨，宋玉因而荡心。轻泉刀若土壤，居然翠袖之朱家[3]；重然诺如丘山，不忝[4]红妆之季布[5]。

注释

①胡天胡帝：一义指崇高尊贵。此处指行为放肆不拘。

②登徒：复姓。战国时宋玉曾作《登徒子好色赋》。后世称好色而不择美丑者为“登徒子”。

③朱家：汉代鲁人。以侠义而闻名。

④忝(tiǎn)：侮辱。引申为惭愧。

⑤季布：汉初楚人。曾为项羽部将。季布以侠义著称，重然诺。

译文

桃叶题着别情，柳丝牵着离恨。无拘无束，登徒子于此赏心悦目；为云为雨，宋玉也因此动意荡心。视轻钱财为土壤，居然是一个女流的朱家；重然诺如丘山一样，不愧为红妆的季布。

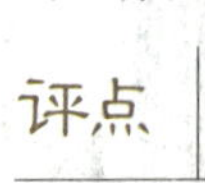

评点

人为情所困，女人尤甚。人为情所倚，女人尤甚。女人为情，亦有忠义二字。

蝴蝶长是孤枕梦，凤凰不上断弦[1]鸣。

注释 <<<
①断弦：古代男子丧妻称为“断弦”。

译文 

女子常做孤枕幽梦，男子不在“断弦”处嘶鸣。

评点 

有，也罢。无，也罢。唯有“情”字一个，人怎放下？

吴妖小玉[1]飞作烟，越艳西施化为土。

注释 <<<
①小玉：传说中吴王夫差的女儿。

译文 

吴国妖丽的小玉已经成烟而土，越国绝艳的西施也成土而终。

评点 

美丽会老，漂亮会跑。生命会走过，一切空空而去。

妙唱非关舌，多情岂在腰。

译文 

美妙的歌唱并非关于舌头，浓烈的爱情岂能在于腰肢。

评点 

美在情里，妙在情中。

传鼓瑟于杨家[①]，得吹箫于秦女[②]。

译文

鼓瑟和谐来自“杨家”，箫鸣悠扬出自秦女。

评点

人为“情种”，自有“情宗”。

注释<<<

①传鼓瑟于杨家：此典故出于汉代的杨恽。据说杨恽与其妻感情很好，在《报孙会宗书》里，杨恽说：“家本秦也，能为秦声。妇，赵女也，雅善鼓瑟。”

②秦女：即指秦穆公女儿弄玉。

春草碧色，春水绿波。送君南浦，伤如之何？

译文

春草颜色碧绿，春水闪动绿波。送君到了南浦，伤心又能怎么样呢？

评点

离别有多愁？愁愁愁白头。

东邻[①]巧笑，来侍寝于更衣；西子微颦，将横陈于甲帐[②]。

注释<<<

①东邻：此即指“东施效颦”的典故。

②甲帐：汉武帝曾造两座幕帐。一个装饰着夜光珠、琉璃珠等为甲帐，一个装饰略差为乙帐。

译文

东邻的女子乖巧会笑，被用来侍寝和更衣；西施微微皱着眉头，却可以睡入王宫甲帐之中。

评点

人，自然即可。不必过分修饰，不必学做他人。

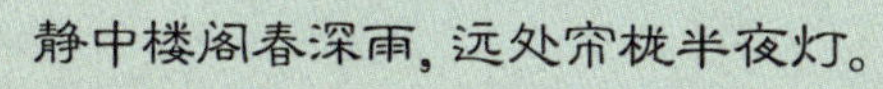

静中楼阁春深雨，远处帘栊半夜灯。

译文

于静谧中的楼阁上听深春的雨声，望远处被帘栊笼罩的半夜的灯光。

评点

春夜听雨，春夜赏灯。雨沙沙，灯朦胧。美在春夜雨里，情在春夜灯中。

风阶拾叶，山人茶灶劳薪；月径聚花，素士吟坛绮席。

译文

风在台阶上吹着落叶，山里人在茶灶下添着柴禾；弯弯的小径旁满是花草，许多读书人坐在席子上一起吟诗作赋。

评点

风有风情，月有月径。人有心声，可发诗兴。不知花为何物，不知秋为何时。只觉一首好诗，只觉心境清明。

当场笑语，尽如形骸外之好人。背地风波，谁是意气中之烈士？

译文 

当面的时候是笑脸欢语，好像身体之外的另一个好人。背地里翻起风波是非，有谁是意气中的刚烈之士？

评点 

世人在世要处世，处世难免会出事。世上有事亦无事，要看自己怎做事。好人未必就有好事，烈士也未见会做烈事。

珠帘蔽月，翻窥窈窕之花；绮幔藏云，恐碍扶疏[1]之柳[2]。

注释 <<<

①扶疏：树木繁茂状。

②扶疏之柳：指男子蹒跚状。此处形容酒醉之人。

译文 

珠帘下垂遮蔽了女子的模样，挑起来偷偷去看身材苗条的娘子；美丽的围幔中藏着美女，只怕要妨碍脚步散乱的情人。

评点 

水中有月，云外有风。不若普通人间，平凡一生。该有的不必心急，没有的不必迫切。生活里自寻美女，那美女便在身旁。

幽堂昼深，清风忽来好伴。虚窗夜朗，明月不减故人。

译文 

幽静的堂屋里白天已经很晚了，一阵清风送来了好朋友。窗子虚开夜空晴朗，明月不缺有故人。

评点

昼有清风送爽，夜有明月为伴。意境似乎完美，情感却多遗憾。若有仨俩挚友，对月清语小酌，此方为至境。

亭前杨柳，送尽到处游人；山下蘼芜[1]，知是何时归路？

注释 <<<

①蘼(mí)芜：一种香草。

译文

凉亭前的杨柳，送完了四处的游人；山下的蘼芜，知道什么时候是归家之路？

评点

走遍了千山万水，回家的路总有一条。

缘之所寄，一往而深。故人恩重，来燕子于雕梁。逸士情深，托凫雏于春水。好梦难通，吹散巫山云气。仙缘未合，空探游女珠光。

译文

缘之所以寄托，一往而情深。故人的恩义重，会有燕子来雕梁上筑巢。逸士情感深浓，可以托住在春水里游玩的小野鸭。好梦难以做通，吹散了巫山中的云气。男女仙缘未配合，白去偷偷探望了珠光宝气的游女。

评点

人间男女，人间万事，均有个“缘”字。“缘”字若在，凡事总有个接连。“缘”字若无，万事都是个“休”字。

纷弱叶而凝照，竟新藻而抽英。

译文 

阳光凝照着纷乱的弱小的叶子，竟然有新的水藻抽出了小花。

评点 

一种意境，一种心境。

手巾还欲燥，愁眉即使开。逆想行人至，迎前含笑来。

译文 

手巾还想烤干，愁眉就算是展开了。设想着外出的人回来了，迎到前面看着含笑而来的人。

评点 

所谓游子归家，妻儿欢跃。人之常情，天伦之乐。只怕是游子迟迟难还，盼者仍为一梦。

逶迤①洞房，半入霄②梦。窈窕闲馆③，方增客愁。

注释 <<<

①逶迤：从容自得的样子。

②霄：通“宵”。

③闲馆：宽广的馆舍。

译文 

从从容容地进入洞房，夜半之间便进入了梦乡。窈窕的女子住在闲馆，才增添了客人的忧愁。

评点 

何以他乡为客，不与佳人团圆？终日奔波忙碌，劳苦中味道何甘？

是媚子[①]于搔头[②]，拭钗梁[③]于粉絮[④]。

注释<<<

①媚子：所爱之人。

②搔头：簪子的别称。

③钗梁：钗的主干部分。

④粉絮：丝绵做的粉扑。

译文 

为心爱的人别上簪子，用粉絮擦拭钗梁。

评点 

女为心爱者妆，男为心爱者死。

陌上[①]繁华，两岸春风轻柳絮。闺中寂寞，一窗夜雨瘦梨花。芳草[②]归迟，青骢[③]别易。多情成恋，薄命何嗟！要亦人各有心，非关女德[④]善怨。

注释<<<

①陌上：街道。

②芳草：原意为香草。此处指贤德或忠贞之人。

③青骢：据说为生长于青海的良马。

④女德：妇女的德守。

译文 

街道繁华，两旁的春风轻吹着柳絮。闺房中寂寞，一夜雨过窗外梨花落许多。有情人回来晚了，青骢马别去换了人家。多情而成眷恋，薄命人叹息什么！因为人各自有心，与女德的好坏无关。

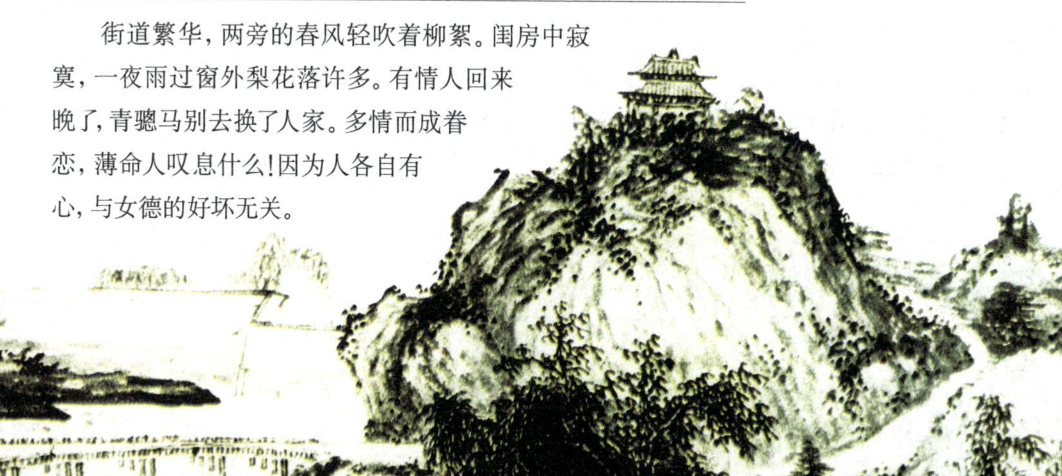

评点 

户外春光浓郁，室内寂寞许多。人生如若四季，转换只是朝暮。苦守春秋冬夏，又有多少报泽？

山水花月之际，看美人更觉多韵。非美人借韵于山水花月也，山水花月直借美人生韵耳。

译文 

在山水花月的近旁，看美人更觉得韵味多多。并不是美人从山水花月那里借来神韵，是山水花月借了美人才生出韵味的。

评点 

山水花月一万年，无美人其间，美又往何处寻觅？美与不美，皆在人的心神之间。山有韵味，水有韵味，花月有韵味，皆因人有韵味。

深花枝，浅花枝，深浅花枝相间时，花枝难似伊。巫山高，巫山低，暮雨潇潇郎不归，空房独守时。

译文 

深色的花枝，浅色的花枝，深浅花枝相交织的时候，花枝难以像你。巫山高高，巫山低低，晚雨潇潇下而郎不归家，空房独守的时候。

评点 

男人在外搏生活，家中难免怨妇多。不知花枝与谁比，空房独守日难过。

初弹如珠后如缕，一声两声落花雨。诉尽平生云水心，尽是春花秋月语。

译文 

初弹的时候琴声像珠串散地一样，紧接下来就连绵不绝；一声，两声，像雨落花间一般。诉尽了平生云水一般的心情，全都是春花秋月一类的咏物寄情之语。

评点 

琴作女声，女以琴诉。伤花问月感情事，追风卜雨别愁天。其实，春花秋月一样，人事心情两非。出事的是人，是云水一般的人。

清文满箧，非惟芍药之花。新制连篇，宁上葡萄之树。

译文 

清新俊雅的诗文装满了箱子，并非都是那种描写男情女爱的文字。新的作品接连不断，宁可上那葡萄之树。

评点 

为诗为文，均需有情之人。人皆有情，非必男女之爱。情中有情，情外有情，方为真情。

西蜀豪家，托情穷于鲁殿①；东台②甲馆③，流咏止于洞箫。

注释 <<<

①鲁殿：汉代鲁恭王建有一座灵光殿。后屡经战乱，此殿独存。后人以鲁殿来形容硕果仅存的人或事。

②东台：唐官署名。此处指与西蜀相对应的地名。

③甲馆：本为汉代楼观的名称。此处指上等住宅。

译文 

西蜀的豪富人家，因为托寄人情而穷尽在鲁殿之上；东台的上等住宅，传唱的乐曲止于洞箫。

评点 

人生一首交响曲，时有高潮时有低吟。

醉把杯酒，可以吞江南吴越之清风；拂剑长啸，可以吸燕赵秦陇之劲气。

译文 

醉里把着酒杯，可以吞入江南吴越的清爽之风；拭着剑长啸一声，可以吸入燕赵秦陇之豪气。

评点 

醉中乾坤多大，剑中豪气多长？人来世上一遭，当留功名人声。

长将姊妹丛中避，多爱湖山僻处行。

译文 

经常把姊妹躲入树丛，非常喜爱在湖山偏僻的地方行走。

评点 

路走偏僻，心走繁闹。

蘋风[1]未冷催鸳别，沉檀[2]合子留双结。千缕愁丝只数围[3]，一片香痕才半节。

注释 <<<

①蘋风：微风。

②沉檀：指沉香木和檀木。

③围：计量周长的大概单位。古代说法不一。

译文

微风还未凉就催促男子离去，沉檀的盒子里留下了同心结。千缕愁丝只有数围那样粗，吻别的香痕才印了一半。

评点

人有何愿？有人求钱，有人求官，有人求一颗相偎之心。说而论之，钱也许易求，官也许易做，只是求心却属难上之难。

金钱赐侍儿，暗嘱教休语。

译文

把金钱赏给贴身侍女，暗中嘱咐教她不要说出去。

评点

偷情似乎亦为爱，休传闲话到人间。如今“插足”有几者？各有账目各自算。

花飞帘外凭笺讯，雨到窗前滴梦寒。

译文 

花飞到帘幕之外权当做发出的信件，雨在窗前落下的声音带着寒凉滴入了梦境。

评点 

花可以为信，可以作笺，可以寄人情许多。雨或可春，或可夏，或可秋，皆有凉寒之意。人有情，花亦有情。人有梦，雨亦入梦。

填愁不满吴娃井[1]，剪纸空题蜀女[2]祠[3]。

注释<<<

①吴娃井：江南美女照影的水井。

②蜀女：蜀王宫女。泛指蜀地美女。

③蜀女祠：即蜀女祠堂。

译文 

愁思填不满吴娃井，剪纸白白贴在了蜀女祠堂。

评点 

人有愁，若愁入心愁加愁。人有情，若情空付又何情？

良缘易合，红叶亦可为媒；知己难投，白璧未能获主。

译文 

男女良缘易合，红叶也可以做媒人；知己朋友难寻，宝玉没能找到主人。

评点 

中国人讲“良缘易合，知己难投”，实在是说婚姻好结，人心难测。然而人若不想交心，又何来知己？只是交心知己要有对象，慎友方可。

填平湘岸都栽竹[①]，截住巫山不放云[②]。

注释 <<<

①湘岸栽竹：即湘妃竹。又称湘竹、湖江竹。

②巫山云：指巫山之女。

译文 

填平湘江岸堤都栽上湘妃竹，截住巫山不放云彩飞去。

评点 

人本伤感，亦感伤逝。去者本去，然而人心不去。心中许多惆怅，为古人为今人。

零乱如珠为点妆，素辉乘月湿衣裳。
只愁天酒倾如斗，醉却环姿傍玉床。

译文 

零乱如散开的珠串是为化妆，月亮洒下银辉沾湿了衣裳。只犯愁他如斗一般饮好酒，醉后蜷起身子躺在床下。

评点 

中国人尚酒。中国男人尤其尚酒。“李白斗酒诗百篇”，已成古今中国豪酒的理由。然而酒犯花运，酒慢佳人。酒多亦误事。可见有情者理应少饮酒，饮酒当有节制。否则，岂不冷了美人之心？

有魂落红叶[①]，无骨锁青鬟[②]。

注释 <<<

①红叶：唐代因红叶题诗结成良缘的故事较多。后人以“红叶”为传情的媒介。

②青鬟：黑色的鬟发。此处指青年女子。代指青春。

译文 

有心思的人可以落红叶为媒，无骨气的只能空锁青春。

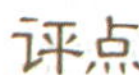

评点 

世上何有易事？凡事都要用心。青春能几多，怎容每每延宕？

> 书题蜀纸①愁难浣，雨歇巴山话亦陈。

注释 <<<

①蜀纸：好纸。

译文 

字写在蜀纸上也难以带走愁丝，巴山的雨停了说的话也旧了。

评点 

人入愁中，愁结只有从头解。膝促长谈，说到后来人也累了。

> 盈盈相隔愁追随，谁为解语来香帷？

译文 

一河清水相隔，愁思在后面追随；谁能为了解心中的想法，来到香帷帐前？

评点 

人去情随，愁起怨坠。世人只道闺深怨，不知行者亦愁人。

> 纵教弄酒春衫浣，别有风流上眼波。

译文 

纵然是让酒弄湿了美丽的衣服，特别的风流在眼波里飞动。

评点 

花亦是博士，酒亦是媒人。若有酒意上心，何不风流？

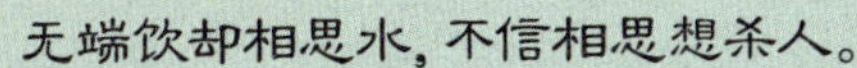

无端饮却相思水，不信相思想杀人。

译文 

无缘由地喝了相思水，不信相思却想死了人。

评点 

相思之水如何无端？若不相思又何来相思之水？

渔舟唱晚，响穷彭蠡之滨；雁阵惊寒，声断衡阳之浦。

译文 

渔舟唱晚，响遍了鄱阳湖畔；雁阵惊叫，声音消逝在衡阳的水边。

评点 

渔舟晚唱，唱晚中许多暮色。雁阵寒惊，不知此去何方。人生若日，有早有晚。人生若雁，有归有去。

杏子轻衫[①]初脱暖，梨花深院自多风。

注释 <<<

①杏子轻衫：指杏黄微红色的轻薄衣衫。一说指粉红色。

译文 

杏黄单衣初换是因为天气方才转暖，开满梨花的深院里自然多风。

评点 

天气暖了换单衣，太阳晒了撑阳伞。不知人间隐秘处，深院之中何来风？

卷三

峭

今天下皆妇人矣！封疆缩其地，而中庭[1]之歌舞犹喧；战血枯其人，而满座之貂蝉自若。我辈书生，既无诛乱讨贼之柄，而一片报国之忱，惟于寸楮尺字间见之。使天下之须眉而妇人者，亦耸然有起色。集峭[2]第三。(作者引语)

注释 <<<

①中庭：古代庙堂前阶下或厅堂的中央部分。

②峭：严峻严厉。

译文

现在的天下全都是妇人啦！边疆上减少了土地，而中庭里的歌舞还在喧闹；战斗的血腥使人枯萎憔悴，而满座的貂蝉们还是神态自若，我们这些书生，既然没有平息叛乱讨伐贼寇的权力，而一片报国的热忱，只有在寸纸尺字之间来表现了。要使长着胡子的“妇女”们，也耸然有了要振作的意思。集峭第三。

评点

中国是父系社会，因此社会文化是男性化的。所谓“皆妇人”，无非是说男人们没了骨气。可其实骨气这东西不光男人们有，女人们同样也有。貂蝉们的“神态自若”，其实是男人们造成的。

忠孝吾家之宝，经史①吾家之田。

注释
①经史：指传统文化。

译文 

忠孝是我们家的宝贝，经史是我们家的田地。

评点 

忠孝传家，经史为畔。此为中国人的立身“法宝”。走进现代，许多人对此不以为然。其实，若不拘泥于忠孝的封建性内容和经史具体所指，这其中的味道还是相当深重的。

闲到白头真是拙，醉逢青眼不知狂。

译文 

闲活到老真是无能，醉里受到青睐也佯作狂态。

评点 

拙此一生者，要不知其拙。在拙而不知拙不识拙，以自己为非拙，此为境界。

兴之所到，不妨呕出惊人心。不然也，须随场作戏。

译文 

兴致到了的时候，不妨把自己心里惊人的秘密倾诉出来。如果不是这样，需要逢场作戏。

评点 

人心皆如此，只是比例有所不同。有人常有心声外泄，有人则一生守口。

吟诗劣于讲书，骂座恶于足恭。两而揆[1]之，宁为薄幸狂夫，不做厚颜君子。

注释 <<<

①揆(kuí)：度量，尺度。

译文

吟诗的比讲书的恶劣，骂街的比过分恭敬的还坏。两相比较，宁可当轻薄狂放之人，不做厚脸皮的君子。

评点

人的善良需要伪装，人的丑恶需要伪装。人与伪装，似乎天然。然而人又痛恨伪装，人又仇视伪装。人与伪装，似乎应分离。其实中国人哪个不善伪装？中国人又有哪个逃得掉伪装？契诃夫笔下有个套中人。他不知，那套中人也在中国发展过事业。因为每个中国人都有个“套子”。不信？那“宁为薄幸狂夫”者，不也是个套子里的角儿吗？

观人题壁，便识文章。

译文

看别人在壁上题字，便认识了文章。

评点

文章题上墙，难奈不识“王”。道理在人心，心上有文章。

宁为真士夫，不为假道学[1]。宁为兰摧玉折，不作萧敷[2]艾[3]荣。

注释<<<

①道学：本义是指儒家的道德学问。后指拘泥于礼法、处事迂腐的人。

②敷：扩展，丰饶。

③萧艾：即艾蒿，臭草。古人用其比喻品质不好的人。

译文 

宁可做真的读书人，不做假的道学先生。宁为兰摧玉折，不做招摇荣耀的坏人。

评点 

人有气，当有气节。人有心，当有心志。三军可以夺帅，匹夫不可夺志。

随口利牙，不顾天荒地老。翻肠倒肚，那管鬼哭神愁。

译文 

顺嘴随便说，不顾日久年深。翻肠倒肚，哪管别人怎样。

评点 

不知是潇洒，不知是个性，不知是性格，也不知是痴呆。

身世浮名，余以梦蝶视之，断不受肉眼相看。

译文 

身世浮名，我把它看成是梦中蝴蝶，一定不能让肉眼看到。

评点 

人生一世，也许是梦。然而人在梦中，却不能以梦而生。人生之中，不是梦。若以梦蝶而生活，生命何以存在？

> 达人撒手悬崖，俗子沉身苦海。

译文 

通达之人撒手尘世，凡夫俗子在红尘苦海里挣扎。

评点 

达人有精神痛苦，凡人有生存需要。以吾观之，达人亦要吃饭，达人其实也是凡人。

> 锁骨①口中，生出莲花九品。铄金舌上，容他鹦鹉千言。

译文 

在有道的人口中，能生出莲花九品。熔金舌上，容忍他鹦鹉学舌喋喋不休。

注释 <<<

①锁骨：相传唐朝大历年间，延州有一妇人死。有西域胡僧敬礼焚香，称其为锁骨菩萨。此指有道之人。

评点 

所谓“锁骨口中”无非一点道理而已。道理说起来简单，其实要有心人认真思考。学而不思则惘。学舌人人皆会，思考出某种“道”理却非学舌者可以做到。

> 少言语以当贵，多著述以当富，载清名以当车，咀英华以当肉。

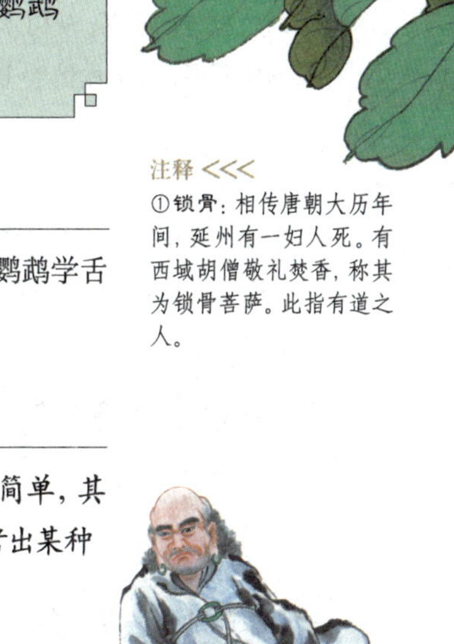

译文 

把少说话当成金贵，把多著述当成富裕，把承载清白之名当成车，把咀嚼文章精华当成肉。

评点 

清贫，似乎是中国知识分子的文化传统和理性追求。这中间既包涵有中国士人的清高志远，也包括了知识分子对金钱灵魂的批判。窃以为，在一个对知识和文化所需不多的时代里，知识分子的这种批判究竟是必须还是无奈？今天的人似乎问质的不多。在今天的所谓"知识经济"时代里，知识人士似乎有必要对历史的批判作出某种反思。

竹外窥鸟，树外窥山，峰外窥云，难道我有意无意？鹤来窥人，月来窥酒，雪来窥书，却看他有情无情！

译文 

从竹林外面看鸟，从树木外面看山，从山峰外面看云，难道我有意无意？鹤来偷偷看人，月来偷偷看酒，雪来偷偷看书，却看他有情无情！

评点 

鹤来，月来，雪也来，来者皆来。来者虽来，不为人，不为酒，不为书，只为要来。不知有意者从何有意，不知有情者从何有情。

有大通必有大塞，无奇遇必无奇穷。

译文 

有大的通顺一定就有大的阻碍，没有奇特遭遇一定就不会有非常的贫穷。

评点 

中国的平民老百姓多不敢有奢望。不求大富大贵，只求一生平安。对于一般人而论，此为至理。

一失脚为千古恨，再回头是百年人。

评点 

人难免有误，然而却大误不得。人生苦短，光阴有限。你若在关键处未有走好，再想重走则甚难。因为机会丧失环境有变，人物均非，你如何悔去呢？然而，既然人难免有误，那么就需要正视自己。不要执迷不悟，不要破罐子破摔。回头路走不了，换一条就是了。

居轩冕之中，要有山林的气味。处林泉之下，常怀廊庙的经纶。

译文 

位居重要官职，要有平民百姓的气味。身处民间穷巷，常常要想到国家大事。

评点 

或在朝廷或在山野，或为高官或为百姓，均不可执其一端，均不可只知其一而未知其他。世有百业，人有百行。为官不能独尊，百姓亦不能只问生计而不问国政。

平民种德施惠，是无位之公卿；士夫贪财好货，乃有爵的乞丐。

译文 

平民百姓种下德行布施恩惠，是没有职位的大官；当官贪财无止，乃是有爵位的乞丐。

评点 

平民有德，为官有恶。中国古来如此。

烦恼场空，身住清凉世界；营求念绝，心归自在乾坤。

译文 

烦恼只是一场空，身住在了清凉世界里；钻营追求的念头绝掉，心可归去自在的乾坤。

评点 

人多有烦恼，烦恼可扰人一生。甩却烦恼，人心方有自由。

穷通之境未遭，主持之局已定。老病之势未催，生死之关先破。求之今日，谁堪语此？

译文 

困难与顺达的境遇尚未遇到，基本的局面就已经确定了。老病并未来催逼，生死之关就已经走完了。从今日中乞求，谁能说清这些？

评点 

人生诸事，生老病死而已。中国人信命，似乎唯心。究其实质，却也的确如此。生老病死，人力可测乎？人力可变乎？泰然处之，不必长叹。

士人有百折不回之真心，才有万变不穷之妙用。

译文 

人有百折不回的真心，才有万变无穷的办法。

评点 

意志，在许多时候就是力量。

立业建功，事事要从实地着脚。若少慕[1]声闻，便成伪果。讲道修德，念念要从处处立基。若稍计功效，便落尘情。

注释 <<<

①少慕：此处的“少”，当用作“稍微”义。

译文 

立业建功，凡事要从实地落脚。如稍有一点羡慕名声，便成了假的结果。讲道修德，所有念头要从所有地方立论。如稍微计较一点回报，便落入了尘世情缘。

评点 

实地脚踏，从一点一滴开始。莫求虚荣，以防虚荣害人。

才智英敏者，宜以学问摄其躁；气节激昂者，当以德性融其偏。

译文

才智英敏的人，应该以研究学问来取代他的浮躁；气节激昂的人，应当以德性的修炼来融解他的偏执。

评点

人有性格，否则人与人没有差别。然而人有性格，却又不能执走极端。处身处事，均需沉着。平衡心态，实为做人的必要。

苍蝇附骥，捷则捷矣，难辞处后[1]之羞；茑萝依松，高则高矣，未免仰扳之耻。所以君子宁以风霜自挟，毋为鱼鸟亲人。

注释 <<<

①后：指屁股或肛门。

译文

苍蝇附在骏马身上，快虽快了，却难以抹掉附在马屁股上的羞耻；蔓草依着松树，高虽高了，却难免高攀的耻辱。所以君子宁可面对风霜，也不与鱼鸟做亲人。

评点

人与物有所不同的是，人有气节，人有羞耻。是以有骨气的人不畏权势，亦不依附于权力。堂堂正正做人，何必奴颜卑膝。

伺察以为明者，常因明而生暗，故君子以恬养智；奋迅以求速者，多因速而至迟，故君子以重持轻。

译文

以侦察手段了解事情的人，常常会因其了解而出现不了解的情况。所以君子以恬静滋养智慧；以激烈的方式追求速度的人，往往因过快而导致迟缓。因此君子以稳重心态来拿轻的东西。

评点

事有条理规律，人有自身习性。不可以勉强而致，不可以过分要求。适度，适时，为最好。

有面前之誉易，无背后之毁难。有乍交之欢易，无久处之厌难。

译文

获得面前的赞誉容易，没有背后的毁谤困难。得到初次交往的欢乐容易，没有长久相处的厌恶困难。

评点

人情有冷暖，感情有厚薄，久处难有千日好，乍逢自有惊喜情。人非圣物难免俗。但愿对人，如若对己。

宇宙内事，要担当，又要善摆脱。不担当，则无经世之事业；不摆脱，无出世之襟期。

译文

世上的事情，要承担，又要善于摆脱。不承担，则没有立身的事业；不摆脱，便没有出世的志趣。

评点 

一生在世，凡事均在做与不做之间。一生忙碌，凡人都在为与不为之间。然人要立身，人要生存，不做事便为寄生虫。然人要活着，人要吃饭，无作为便只有饿死。

> 无事如有事，时提防，可以弭意外之变；有事如无事，时镇定，可以消局中之危。

译文 

无事要当有事，时时提防，可以消弭意外的变故。有事要当没事，时时镇定，可消除局势中的危机。

评点 

对于人生世事，可以逆料者不多。有事如无事，实属客观。无事如有事，却可以主观。否则，无事可以找事，有事时又无本事。此为只出下策之人。

> 爱是万缘之根，当知割舍；识是众欲之本，要力扫除。

译文 

爱是世上万缘的根子，应当知道割舍放弃它；见识是所有欲望的本源，要力戒扫除。

评点 

爱不可割舍，除非需要恨时。识不能扫除，除非禁绝欲望。

舌存，常见齿亡。刚强，终不胜柔弱。户朽，未闻枢蠹。偏执，岂及乎圆融。

译文

舌头在，常常见到牙齿没了。刚强，最终战胜不了柔弱。门扇腐朽了，没听说门轴有蛀虫。片面坚持观点，怎么比得了圆滑融通。

评点

以弱胜强，以柔克刚。这是中国文化中的精髓。这似乎是说弱者不弱。哲学上讲，道理如此。生活中呢？情况则大非这样。舌头能硬过钢刀吗？门轴能抵住木钻吗？打铁自需本身硬。为什么不能自己变成强者呢？

荣宠傍边辱等待，不必扬扬；困穷背后福跟随，何须戚戚。看破有尽身躯，万境之尘缘自息；悟入无怀境界，一轮之心月独明。

译文

荣誉宠幸旁边有侮辱在等待，不必兴高采烈；困顿穷贫背后有福分相跟随，哪用忧伤。看破有限的生命，万境中的尘缘自然就平息了；思悟进入了没有杂念的境界，一轮明净月亮独在心中。

评点

不以物喜，不为己悲。心境淡泊，生活简化。此说于养性甚益，但与人生却难协调。年轻时必须努力，年老时方可以放松。

山月江烟，铁笛数声，便成清赏；天风海涛，扁舟一叶，大是奇观。

译文 

山中月亮江中烟雾，铁笛数声，便成了一种格外的欣赏；天上风过海面生涛，扁舟一叶，是少见的奇观。

评点 

山有月升，江有烟腾，天有风紧，海有涛声。人入自然，远离嚣尘，心平气静，是为圣景。

秋风闲户，夜雨挑灯，卧读《离骚》泪下；霁日寻芳，春宵载酒，闲歌《乐府》①神怡。

注释 <<<

①《乐府》：初指古代官署采制的民间诗歌。

译文

秋风推上了窗户，夜雨中挑灯，卧读屈原的《离骚》不禁泪下；雨后天晴去寻芳草，春夜饮着酒，听闲悠歌唱《乐府》心神怡得。

评点 

读《离骚》落泪，听《乐府》神怡。以酒佐于身旁，可深入两种情境。

云水中载酒，松篁[1]里煎茶，岂必銮坡[2]侍宴；山林下著书，花鸟间得句，何需凤沼[3]挥毫。

注释 <<<
①松篁：松与竹。
②銮坡：翰林院的别称。
③凤沼：砚台中的一种。

译文 

在云水中载来酒，在松竹中煎茶，岂能一定要什么銮坡侍宴的排场。在山林下写书，在花鸟间想出诗句，何须一定要在凤沼砚台上挥毫。

评点 

排场是一种奢侈，銮坡是一种功名，凤沼是一种附庸风雅，其实很少味道。排场里的侍宴没有放松，銮坡上的作为需要拘谨，凤沼里的文字难免花俏。不及实在的自由，不及精神的愉悦，不及文字的真诚。

人生不好古，象鼎牺尊，变为瓦缶；世道不怜才，凤毛麟角，化作灰尘。

译文 

人生来不喜欢旧的东西，象鼎牺尊，变成了瓦罐；世道不怜悯人才，凤毛麟角，化作了灰尘。

评点 

人不知道象鼎牺尊的贵重，社会不知道人才的重要。不要历史，不要人才，社会如何而立？

要做男子，须负刚肠；欲学古人，当坚苦志。

译文 

要做男子汉，必须能够负重并有钢肠铁胆；要学习古人，应当坚强精神苦练意志。

评点 

生而来世，先学做人。人无志身不立，人无毅事不成。

人不通古今，襟裾马牛；不晓廉耻，衣冠狗彘。

译文 

人要是不知道古今，胸怀就是马牛一样；不知道什么是廉耻，就是穿着衣冠的狗猪。

评点 

知历史，知道人的来历；知道德，知道人的意义。不知不问，噩噩浑浑，的确像狗猪一样。

道院吹笙，松风袅袅；空门洗钵，花雨纷纷。

译文 

在道庙的院中吹笙，松林里风声徐徐；在佛庙的门内洗钵，花雨纷纷落下。

评点 

信仰，实为人的精神力量。信道与信佛，人之自便。佛中道中，也许有许多尘世中的修炼。

囊无阿堵[①]，岂便求人？盘有水晶，犹堪留客。

注释 <<<

①阿堵：指钱。

译文 

口袋里没有钱，岂能随便求人？有水晶的盘子，就可以留下客人。

评点 

骨气何来？在非常时方见。器量怎见？在关键时方显。

诗思在灞陵桥上，微吟处，林岫便已浩然；野趣在镜湖曲边，独往时，山川自相映发。

译文 

思考诗句在灞陵桥上，轻轻吟诵的时候，山林便有了浩然气势。野趣在平静的湖边，独自前去的时候，山岭河水自相映照。

评点 

自然是一幅妩媚的画景。人入其中，便有画中人之感。清晨是一日美好的时光。感受其间，便有入仙境之情。

至音不合众听，故伯牙绝弦；至宝不同众好，故卞和泣玉。看文字，须如猛将用兵，直是鏖战一阵；亦如酷吏治狱，直是推勘，到底决不恕他。

译文 

最好的音乐不合多数人的欣赏习惯，所以伯牙不再弹琴；最好的宝贝不同于多数人的爱好，因此卞和哭玉。写文章，要像猛将用兵，直是打了一场激烈的战斗；也像严厉的官吏治理监狱，一直推问审讯下去，到底也一定不饶恕他。

评点 

事到极端，物到极致，识者人少，懂者寥寥。非不好，乃是不知。

名山乏侣，不解壁上芒鞋；好景无诗，虚携囊中锦字。

译文 

游名山没有伴，墙上的草鞋就不用拿下来；美丽的景色没有诗，空带了许多美妙的诗句。

评点 

山景美色须人赏，观赏之人须有心。若是无人相伴去，诗兴大减不识春。

辽木无极，雁山参云。闺中风暖，陌上草薰。

译文 

辽阔的树林没有边际，大雁飞向远山去参拜白云。闺房之中温暖如春，田埂上野草散发着香气。

评点 

想古人，尚可见无垠森林。想今人，何寻森林？若无十年树木，哪里有百年树人？

秋露如珠，秋月如圭。明月白露，光阴程来。与子之别，心思徘徊。

译文 

秋天的露水像珠一样，秋天的月亮像玉圭一般。明月下的白色露水，光阴按着固定的时间又来了。与你分别，心里矛盾。

评点 

光阴如梭，一来一往。生命短暂，一春一秋。

声应气求之夫，决不在于寻行数墨之土[1]。风行水上之文，决不在于一句一字之奇。

注释 <<<

①土：文中的“土”字，怀疑为“士”的讹误。

译文 

性格豪爽的人，决不在意那种“寻行数墨”的人。如风行水上一样的文章，决不在于一字或一句的奇妙。

评点 

文章要有性格，有性格便有气势。为人不可拘泥，大器者容人容物。

借他人之酒杯，浇自己之块垒。

译文 

借别人的酒杯里的酒，消解自己心中的不快。

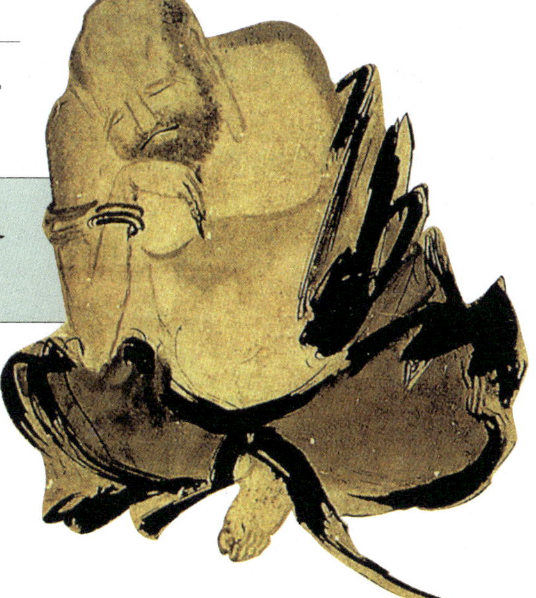

评点 

自己也有酒杯，何须向他人借光？

春至不知湘水深，日暮忘却巴陵[1]道。

注释<<<
①巴陵：山名，在湖南岳阳县，临洞庭湖。

译文 

春到了不知湘江水的深浅，日暮时忘记了去巴陵的路。

评点 

湘水深与浅，不必让春知。人在日落前，路在心中直。

奇曲雅乐，所以禁淫也。锦绣黼黻[1]，所以御暴也。缛[2]则太过，是以檀卿[3]刺郑声[4]，周人伤北里[5]。静若清夜之列宿，动若流彗之互奔。振骏气以摆雷，飞雄光以倒电。

注释<<<
①黼黻（fǔ fú）：指华丽的衣服。
②缛（rù）：繁多繁琐。
③檀卿：即檀子。
④郑声：春秋时郑国的音乐。旧时被认为是淫靡的声乐。
⑤北里：古代舞曲。司马迁称为“靡靡之乐”。

译文 

有奇妙舞曲雅致的乐声，所以才要禁止淫靡。有过分华丽的服装，所以要制止奢侈。过分繁琐了，所以檀子批评郑国的音乐，周代人批评商纣王的北里舞曲。清静就像晴朗夜空里排列的二十八星宿，行动就像彗星一样奔突。振作骏马般的气概像滚雷，像闪电。

评点 

古人向以郑声为亡国之乐，实为深刻认识。只是古典时代社会生产与供给之间有着不足，过分消耗则将打破社会平衡。如今的情况有变。生产不足已成生产过剩，消费拉动已成必然。因而推动消费是必须的。但是古人之鉴依然有意义，今人仍需谨慎。

云气荫于丛蓍，金精养于秋菊。落叶半床，狂花满屋。

译文 

丛生蓍草在云气的荫护下，秋菊里黄色菊花开放。菊花落叶半床，狂风吹花满屋。

评点 

秋入金菊，天上兰空。爽风入室，精神清振。

血三年而藏碧[1]，魂一变而成红。

注释 <<<

①藏碧：《庄子·外物》说："苌弘死于蜀，藏其血，三年而化为碧。"后人以碧血称忠臣烈士之血。

译文 

血藏三年而成碧玉，英魂一变而成红色。

评点 

古来英雄洒碧血，留得江山待后人。

群鸿戏海，野鹤游天。

译文

成群的鸥鸟在海上游戏，野鹤在高天上飞翔。

评点

不知去向何方？

卷四

灵

天下有一言之微而千古如新，一字之义而百世如见者，安可泯之？故风雷雨露，天之灵；山川民物，地之灵；语言文字，人之灵。毕[1]三才[2]之用，无非一灵以神其间。而又何可泯之！集灵第四。（作者引语）

注释 <<<

①毕（yì）：侦察，观察。

②三才：指天、地、人。

译文

天下有微不足道的一句话历经了千年却像刚刚听到一样，一字的意义历经了百年好像刚刚见到一样，怎么可能抹掉它们呢？因此风雷雨露是天之灵物，山川民物是地之灵物，语言文字是人之灵物。观察天地人三才的用处，无非是以一个灵字在其中展示神意。而又怎么可能抹灭它们！集灵第四。

投刺空劳，原非生计；曳裾自屈，岂是交游？

译文

给人家送名帖(名片)是无用的劳碌，本来就不是生计；拉着衣襟作卑下的样子，怎么能是朋友交往？

评点

国人有好事之癖，极愿关心他人生活。红眼病本不会为自己添砖加瓦，但人们难免传染流行。交友本为人生快事，若无等心相视，又有何朋友联谊？

事遇快意处当转，言遇快意处当住。

译文

事到了感觉舒畅的时候应当转弯，话到了感觉淋漓的时候应当停止。

评点

中国人常言："福无双至，祸不单行。"世间并非一定如此，但道理却实在其中。事到极处，便会逆反。意到快处，便会丧失。

俭为贤德，不可着意求贤；贫是美称，只在难居其美。

译文

节俭是高尚品德，不可以刻意追求这种高尚；清贫是赞美称誉，只在于难以承受这种赞美。

评点 

品德是人修养而成，而非刻意追求的结果。人生稀有清名，只因生存需要温饱。

志要高华，趣要淡泊。

译文 

志向要高远，情趣要淡泊。

评点 

胸无大志，难以行远。情趣淫过，难免误事。

眼里无点灰尘，方可读书千卷；胸中没些渣滓，才能处世一番。

译文 

眼睛里没有一点灰尘，才可以读书千卷；胸中没有一些污七八糟的杂念，才能够与世人相处一遭。

评点 

人要读书，天有降尘，难免眼中有污。胸腑五脏，七情六欲，谁不世上一回？莫求至洁，洁则无人。莫求至清，清则无鱼。

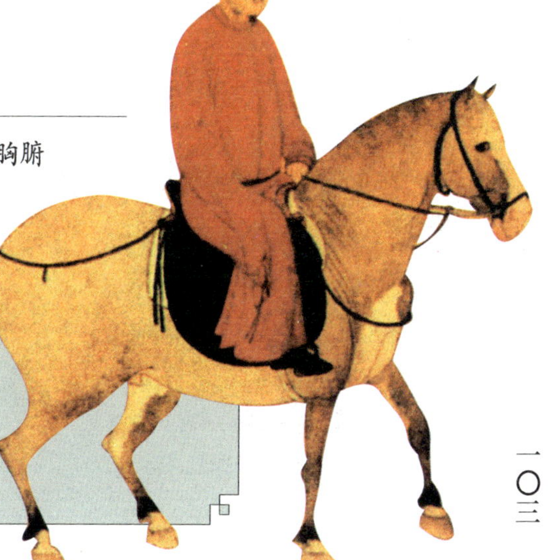

好香用以熏德，好纸用以垂世。好笔用以生花，好墨用以焕彩。好茶用以涤烦，好酒用以消忧。

译文

上好的香用以熏祭德行，上好的纸用以写字传世。上好的笔用以生花撰句，上好的墨用以挥毫焕彩。上好的茶用以清涤烦恼，上好的酒用以消解忧愁。

评点

此只为人心中的一点美好而已。有德不必有香，垂世无需好纸。喜时亦可饮茶，乐时亦要喝酒。

声色娱情，何若净几明窗一生息顷？利荣驰念，何若名山胜景一登临时！

译文

以声色犬马娱乐性情，怎么比得了窗明几净的生活气息扑面而至的那一刻呢？利禄荣辱的念头浮动，怎么比得了登上名山胜景的那一刻！

评点

家居情趣，冶游兴致，人生苦恼，多可排解。

花前解佩，湖上停桡。弄月放歌，采莲高醉。晴云微袅，渔笛沧浪。华句一垂，江山共峙。

译文 

在花前解下玉佩，湖面上停下木桨。赏月唱歌，深醉后去采莲子。晴朗夜空里微云飘渺，渔人笛音伴着浪声。华美的诗句一说出来，江山一起肃立倾听。

评点 

夜走江湖水路，月悬船中桅杆。不知远山近水，可与诸君入眠?

胸中有灵丹一粒，方能点化俗情，摆脱世故。

译文 

胸中有了一粒灵丹妙药，才能点化身上的庸俗情趣，摆脱掉一般世故。

评点 

免俗，人皆想到。免俗，亦不免落俗。俗与不俗，本无限界。

无端妖冶，终成泉下骷髅；有分功名，自是梦中蝴蝶[①]。

译文 

没有缘由的妖冶风情，终于成了九泉下的骷髅；有分功名，自是梦中蝴蝶。

评点 

人求功名，人为功名，何为功名?梦中为蝶，蝶飞梦中，睡梦有醒……

注释<<<

① 梦中蝴蝶：即庄周之蝶。

半坞白云耕不尽，一潭明月钓无痕。

译文 

半爿白云耕耘不完，一潭明月钓鱼无痕。

评点 

入禅境，听禅声，禅中有禅。入幻象，听心萌，幻象似实景。

茅檐外忽闻犬吠鸡鸣，恍似云中世界。竹窗下惟有蝉吟鹊噪，方知静里乾坤。

译文 

茅屋外忽听到狗咬鸡叫，恍惚间好似在云彩里面。竹窗下面只有蝉鸣鹊噪，才知这是静谧中的世界。

评点 

人与他物不同，人心以为有动方能有静。所以要知安静程度，必须“鸟宿池边树，僧敲月下门”，必须“绣针落地”。

开眼便觉天地阔，挝鼓非狂；林卧不知寒暑更，上床空算。帷俭可以助廉，帷恕可以成德。

译文 

睁开眼睛便觉得天高地阔，敲鼓并非疯狂；在树林中居住不知冬夏时间，上床空盘算。唯有节俭可以支持廉洁，唯有宽恕可以成就德行。

评点 

天地原来自广宽，狭窄只是在心间。若无容天容地意，只有自我种心田。

读史要耐讹字，正如登山耐仄路，踏雪耐危桥，闲居耐俗汉，看花耐恶酒。此方得力。

译文 

读史书要忍耐错字，就像登山忍耐坡路，赏雪忍耐危桥，闲居时忍耐粗俗的人，观花时忍耐不好的酒。这方可以说适应。

评点 

山路何有径直？独桥何有不危？他人谁不俗汉？观看均为恶酒！人生不必计较，人生不要过分。环境决非你家，他人亦非子女。

世外交情，帷山而已。须有大观眼，济胜具，久住缘，方许与之为莫逆。

译文 

人世外的交情，只有山。必须有宏大的见识，健强的身体，在一起久住的缘分，才可以说与他是莫逆之交。

评点 

莫逆之交，其实未能真有。所谓莫逆，实为求同存异的结果。人与人交不必求莫逆，只求彼此知心便罢。

择地纳凉，不若先除热恼；执鞭求富，何如急遣穷愁？

译文 

选择地方乘凉，不如先排除心中燥热的烦恼；拿着鞭子追赶富裕，怎么比得了马上排遣愁穷的思绪？

评点 

凉要乘，否则酷暑难过。心要凉，以免热急悲生。

无事而忧，对景不乐，即自家亦不知是何缘故。这便是一座活地狱。更说什么铜床铁柱，剑树刀山①也！

注释 <<<

①铜床铁柱，剑树刀山：均为传说中的地狱景象。

译文 

无事的时候忧虑，对着美景也不快乐，就是自己也不知道是什么缘故。这就是一座活地狱。还用说什么铜床铁柱，剑树刀山吗！

评点 

生活饱暖，人多忧虑。感觉麻木，处变不惊。其实无论古人无论现代人，均有无缘无故忧虑和无缘无故失乐的时候。

客散门扃，风微日落，碧月皎皎当空，花阴徐徐满地。近檐鸟宿，远寺钟鸣，茶铛初熟，酒瓮乍开，不成八韵新诗，毕竟一团俗气。

译文 

客散后关门，风微日落，皎皎明月当空，花影慢慢映满地下。檐下的鸟入巢，远寺钟鸣，茶刚煮好，酒瓮刚开，不能写成八韵新诗，毕竟是一团民俗之气。

评点 

俗为人气凝结，人自在俗气之中。一种意境透人，必要新诗八韵，也是一种俗气。

不作风波于世上，自无冰炭到胸中。

译文 

不在世上搅动是非风波，自然没有大喜大悲的冰炭在胸中冲突。

评点 

人在世上，怎无风波？风波之中，心神须自定。

秋月当天，纤云都净，露坐空阔去处。清光冷浸，此身如在水晶宫里，令人心胆澄彻。

译文 

秋月当空，云丝没有，在露天开阔的地方坐下。月光清冷，人如同在水晶宫里，令人心胆净化。

评点 

净化自我，需自然中的冥想苦思。

遗子黄金满匧，不如教子一经。

译文 

留给孩子黄金满箱，不如教给孩子一种知识。

评点 

世有三百六十行，每行均有状元郎。

竹风一阵，飘飏茶灶疏烟；梅月半弯，掩映书窗残雪。

译文 

竹林风吹一阵，吹拂着茶灶上的稀疏柴烟；梅花丛中月亮半弯，掩映着书窗外的残雪。

评点 

景如禅境，心在景中。

厨冷分山翠，楼空入水烟。

译文 

厨房冷落与群山翠绿相映，人去楼空融入细雨水烟。

评点

山也许有神，神为人。水也许有灵，灵是人。无人其中，山少意味；无人其上，水少精灵。

间疏滞叶通邻水，拟典荒居作小山[①]。

注释<<<

①小山：西汉淮南王刘安一部分宾客共称“淮南小山”。

译文

疏浚渠中落叶沟通邻水，不拘小节学着古典作“小山”文章。

评点

小山文章可作，不必拟典为先。

老树着花，更觉生机郁勃；秋禽弄舌，转令幽兴潇疏。

译文

老树开花，更觉得生机勃勃；秋天鸟儿鸣叫，使人的幽幽兴致转而减淡。

评点

季节只为季节。人伤感于季节，却不因季节而停止。

完得心上之本来，方可言了心；尽得世间之常道，才堪论出世。

译文

完善了心中的本来，方可以说彻悟；完全得到了世间的常道，才可以谈论出世。

评点

不进极端，难得此岸。不识今日，难知未来。

雪后寻梅，霜前访菊，雨际护兰，风外听竹。固野客之闲情，实文人之深趣。

译文

下雪后寻找梅花，霜降前去观菊花，雨落时保护兰草，竹林外谛听风声。固然是冶游人的闲情，实在是文人的深趣。

评点

水中有月，空中有风，人入野境，许多闲情。此不必文人自恋，亦不必了知文风。

以看世人清白眼转而看书，则圣贤之真见识。以议论人雌黄口转而论史，则左狐[①]之真是非。

注释

①左狐：指《春秋左传》的作者左丘明和春秋时晋国史官董狐。

译文

把看世人的白眼转而来看书，就是圣贤一样的真见识。把议论别人的信口雌黄的精神转而研究历史，就是左丘明和董狐一样的真是非。

评点

莫要多说，但要多做。

事到全美处，怨我者不能开指摘之端；行到至污处，爱我者不能施掩护之法。

译文 

事情到了至善至美的地方，埋怨我的人不能开指责的先例；行为到了最坏的地步，喜爱我的人不能实施掩护的方法。

评点 

事本无至美，行却有至污。言路阻塞不尽，遮掩亦无善终。

必出世者，方能入世，不则世缘易堕；必入世者，方能出世，不则空趣难持。

译文 

一定出世的人，方能入世，不然与尘世的缘分易失落；一定入世的人，方能出世，不然情趣空空难以维持。

评点 

出世与入世，世人皆谈。然而出也罢入也罢，人必在世中。

调性之法，急则佩韦①，缓则佩弦②。谱情之法，水则从舟，陆则从车。

注释 <<<

①佩韦：韦皮性柔韧，古人性急者佩戴韦皮以示警戒。

②佩弦：即佩带弓弦。弓弦常紧绷，故性格缓慢的人佩带以自警。

译文 

调整性格的办法，性子急的则佩韦皮，性子慢的则带弓弦。根据情况因地制宜的办法，遇水则用船，在陆则用车。

评点 

知己者，调整自我。知彼者，选择对策。

冬起欲迟，夏起欲早。春睡欲足，午睡欲少。

评点 

此为古人养生之道，今人只可参照却实难执行。应起的，冬不敢迟；应做的，夏必须早；贪晚的，春睡难足；奔忙的，午睡何言？

无事当学白乐天之嗒然，有客宜仿李建勋[①]之击磬。

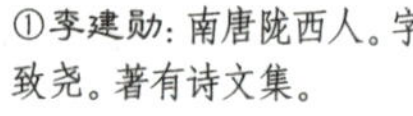

注释

①李建勋：南唐陇西人。字致尧。著有诗文集。

译文 

无事的时候应当学白居易的物我两忘的神态，有客的时候宜学李建勋的击磬超然。

评点 

无事时，人可物我两忘。有客时，定当心照不宣。

万事皆易满足，惟读书终身无尽。人何不以足知之？一念加之书。又云，读书如服药，药多力自行。

译文

万事皆容易满足，唯有读书终身不能满足。人为什么不知足？对于书有想法。又说，读书就像吃药一样，药吃多了药力自然就有了。

评点

古来圣贤多读书，古来俗人多欲望。其实圣贤有家当，俗人却要虑饥肠。

醉后辄作草书十数行，便觉酒气拂拂，从十指中出去也。书引藤为架，人将薜为衣。

译文

酒醉后马上写草书十几行，便觉酒气消散，从十个手指出去了。书把藤萝作为架子，人把麻作为衣服。

评点

醉里乾坤多大？下笔洋洋洒洒。写出一点胸臆，些许情意入画。

鸿中迭石，未论高下。但有木阴水气，便自超绝。

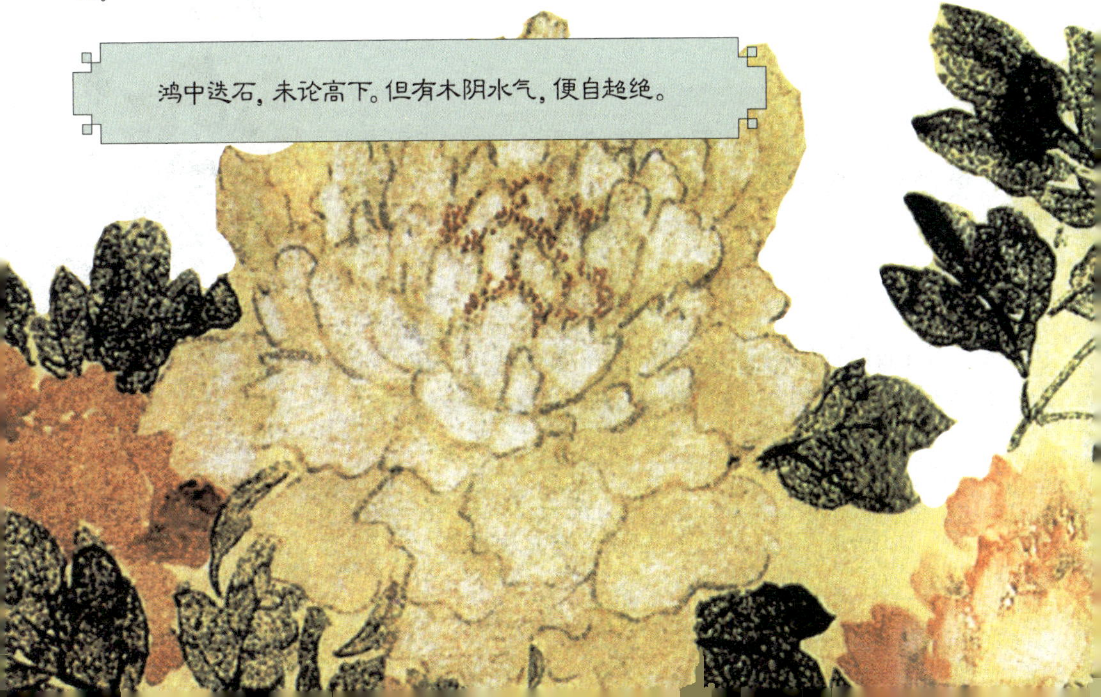

译文 

在洪水中垒石头，未能说出高下之别。只要有树荫水气，便自然超凡脱俗了。

评点 

水在地下，会污会浊。水在天上，便清便爽。

段田夫携瑟，就松风涧响之间曰："三者皆自然之声，正合类聚。高卧闲窗，绿阴清昼，天地何其寥廓也。"

译文 

段田夫带着瑟，就松鸣风啸涧水音响的关系说："三者都是自然的声音，正合物以类聚。悠闲地在窗前躺着，绿树荫蔽白日青天，天地是多么寥廓。"

评点 

闲窗前有古人，忙窗后是今人。昨日窗下听天籁，今天窗里有噪声。

空山听雨，是人生如意事。听雨必于空山破寺中，寒雨围炉，可以烧败叶，烹鲜笋。

译文 

在寂静的山里听雨声，是人生中的如意事。听雨一定要在空山的破庙里，围着炉火听着寒雨，可以烧落叶，煮鲜笋。

评点 

空山听雨，禅虫爬出，人生忘忧，有此境界。

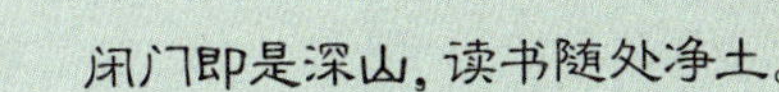

闲门即是深山，读书随处净土。

译文 

关上家门就是深山，读书随处都是佛家净土。

评点 

此方为境界。深山何在深山处？心头自有十座山。

千岩竞秀，万壑争流。草木蒙茏其上，若云兴霞蔚。

译文 

千岩竞秀，万壑争流。草木葱茏遮蔽其上，如同云兴霞蔚一般。

评点 

生活里许多欢乐，望自然赏风景可谓第一。

欲见圣人气象，须于自己胸中洁净时观之。

译文 

要想看见圣人的气势，须在自己心里干净宁静的时候观察。

评点 

圣人本无气势，其势来自观者的崇拜。观者若心中有许多脏污欲望，便不会看到圣人的神圣。

执笔惟凭于手熟，为文每事于口占。

译文 

执笔写字只有凭借手熟，写文章主要服务于口中的说词。

评点 

我笔写我口，古来如此。

士君子尽心利济，使海内少他不得，则天亦自然少他不得。即此便是立命[①]。

注释 <<<

①立命：指修身养性以奉天命。

译文 

有学问而德高的人想尽全部办法利世济民，使国家少不了他，那么天也就自然少不了他。这就是立命。

评点 

立命其实是人的一种本能而已。有人立天下之命，有人立一己之命。

读书不独变气质，且能养精神。盖理义收摄故也。

译文 

读书不仅能改变气质，而且能养精神。这都是书中道德规范控制的结果。

评点 

书有万般好处，却无一样坏处。无论你我，无论其他，书均当多读。

周旋人事后，当诵一部清净经；吊丧问疾后，当念一遍扯淡歌。

译文 

在周旋于人事关系后，当诵读一部清净经。吊丧问疾后，当念上一遍扯淡歌。

评点 

念一部清净经，以净身心，此为上策。以人情真意为扯淡，实为非人之策。不知言者是为看破人情尘世，还是只为故作不人(仁)清高。不论何出，均非世人所为。

雨过生凉境，闲情适邻家。笛韵与晴云断雨逐听之，声声入肺肠。

译文

雨下过后生出凉意，带着闲情到了邻居家。与晴云断雨一起听优美笛韵，声声情入肺腑。

评点 

听山中短笛，望雨后初晴。神不知何游，心不知何行。

不惜费，必至于空乏而求人；不受享，无怪乎守财而遣诮。

译文 

不惜靡费，一定会有贫乏而求人的时候；不会享受，不能怪别人因守财而谴责你。

评点 

凡事有度，不可过而强致。适当，为人生最好准则。

餐霞吸露，聊驻红颜；弄月嘲风，开销白日。

译文 

餐霞云吸甘露，权且是为了留住红颜美丽；弄月嘲风，消闲掉了整个白天。

评点 

人有寿命，寿命有限，红颜迟早凋谢。每年有月，每月有风，此月风不是彼月风。

君子虽不过信人，君子断不过疑人。

译文 

君子虽然不过分相信人，君子断然不会过分怀疑人。

评点 

何以为“过”，何以为“不过”？天知地知？如此说，君子亦不“君”。

人只把不如我者较量，则自知足。

译文 

人只要与不如自己的人比较，就一定会知足。

评点

知足容易，知足亦难。若说比较，何日有尽？

折胶铄石[1]，虽累变于岁时；热恼清凉，原只在于心境。所以佛国都无寒暑，仙都长似三春。

注释 <<<

①折胶铄石：指严寒和酷暑。

译文

严寒和酷暑，虽然多经变化于岁月之中，将焦灼苦恼清凉下来，原来只在于心境。所以佛国里都无寒暑，仙都中长年好似三春。

评点

佛国好去处，只是不用种地吃饭。仙都真美妙，只需日日春种没有年年秋收。一句话，那地方只能佛爷仙人们活着，因为他们不食人间烟火。普通人(只要你不是佛爷不是仙)却是去不得，否则饿坏胃肠病坏了皮囊，只怕无人能医。

鸟栖高枝，弹射难加；鱼潜深渊，网钓不及。士隐岩穴，祸患焉至？

译文

鸟歇高枝上，弹子和弓箭没有办法；鱼潜入深渊，渔网和钓钩无法够到。有智慧的人隐入山中洞穴，祸患怎么能来呢？

评点 

山中有洞，只怕洞中有虎狼。山中有洞，只怕洞中神仙早满。人是社会动物，还是不去那世外桃源的好。

前人云："昼短苦夜长，何不秉烛游？"不当草草看过。

译文 

前人说："白天短促夜长难熬，何不举着烛火游玩？"不应当草率简单地看过。

评点 

白日长短，只是季节变化。人心长短，方是甘苦尺度。

看书只要理路通透，不可拘泥旧说，更不可附会新说。

译文 

读书只要理解透彻，不可以拘泥于旧有说法，更不可以附会新出的说法。

评点 

读书是一个学习过程，更是个思考过程。

注释 <<<

①阘(tà)茸：庸碌低劣。

简傲不可谓高，谄谀不可谓谦，刻薄不可谓严明，阘[①]茸不可谓宽大。

译文 

孤高自傲不可说是高贵，奉承巴结不可说是谦虚，刻薄小器不可说是严明，庸碌无能不可说是宽容。

评点 

人有错觉，人有装扮。装扮后有了错觉，便不识真面目，不免要上当。

作诗能把眼前光景胸中情趣一笔写出，便是作手。不必说唐说宋。

译文 

写诗能把看见的东西和胸中的情感一笔写出来，就是高手。不必又说唐朝又说宋朝。

评点 

有人为文章为文学，多好卖弄。或引唐宋用典，或引圣贤言语。其实文字如何，只看作者胸臆。

少年休笑老年颠，及得老年颠一般。只怕不到颠时老，老年何暇笑少年。

译文 

少年人休笑话老年人张狂，到了老年时也会一样张狂。只怕还未到张狂的时候人就死了，老年人哪有时间笑话少年人。

评点 

民间有云：老要张狂少要稳。老年人“颠”是一种生命冲动，是老人生命力尚在的证据。所以，年轻人莫笑老年人。因为年轻很快也会衰老。

饥寒困苦福将至已，饱饫宴游祸将生焉。

译文 

饥寒困苦时福气将降临，宴饱冶游时灾祸将发生。

评点 

从辩证角度看，的确有此关系。但若具体而论，事情又是两样。何人以饥寒为幸福代价？何人以宴游为痛苦发生？

打透生死关，生来也罢，死来也罢；参破名利场，得了也好，失了也好。

译文

想通了生死关，生来也是那么回事，死去也是那么回事；看破名与利的争夺，得到了也好，失去了也好。

评点

人生无非生死名利，此为难过的两关。生死，不以人心向背而改变。名利，不因人力多寡而来去。

混迹尘中，高视物外。陶情杯酒，寄兴篇咏。藏名一时，尚友千古。

译文

混迹在尘世里，眼界在俗物之外。陶渊明的情怀寄予酒杯，借诗篇寄托感情。隐姓藏名于一时之间，崇尚的朋友千古都有。

评点

生前若潦倒，死后美名何用？

过分求福，适以速祸。安分速祸，将自得福。

译文

过分地追求幸福，恰恰招来灾祸。安心于到来的灾祸，将自然得到幸福。

评点 

福与祸本为一对矛盾。人皆想避祸而趋福，又皆欲独福而祸他。其实福与祸既有真实的一面，亦有虚假的一面。战争、自然灾害、家门不幸，均为灾祸侵入。这是灾祸的真实一面。从另一面看，无论何种灾祸又都是需要心态面对的。就此言，这祸患又只是一种人的情绪与心态，是一种虚拟性的。前者也许不能避免，后者却可以自我减压和放松。

名心未化，对妻孥亦自矜庄；隐衷释然，即梦寐会成清楚。闻谤而怒者，谗之囮[①]；见誉而喜者，佞之媒。

注释 <<<

①囮(é)：鸟媒。即捕鸟时用来诱鸟的同类鸟。此处指媒介。

译文 

功名之心尚未化解，对待妻子孩子也自矜庄重端架子；心中秘密已经放下，即使做梦也会清清楚楚。听到批评而发怒的人，是阿谀奉迎的由头；见到荣誉而高兴的人，是能说会道的媒介。

评点 

现尔今，人既要有功名之意识，又要淡出功名之心。有功名意识可不断努力，做事有方向有动力。淡出功名之心可少些包袱，生活有滋味有乐趣。

凡名易居，只有清名难居；凡福易享，只有清福难享。

译文 

什么名誉都容易承受，只有清白之名难以承担；什么福都容易享受，只有无事须做的清福难以享用。

评点

世人皆以为名利不重，皆可来者不拒。世人皆以为福禄好享，皆可全盘兼收。其实人间没有简单之事，只有不懂事理的简单之人。

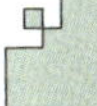

飞泉数点雨非雨，空翠几里山又山。

译文

飞落的泉瀑散开数点是雨非雨的水滴，空翠的山谷几里长长山峦迭着山峦。

评点

山中遇翠，林中听泉。吸入几口清沁，呼出几遍污脏气。

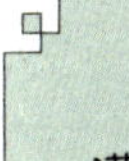

树影横床，诗思平凌枕上；云华满纸，字意隐跃行间。

译文

树影斜映在床上，诗思平空在枕上飞起；云霞写满纸上，文字的意义隐约在行文中闪动。

评点

枕上有诗，纸上有情。不必拘泥，恰到妙处。

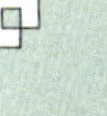

秋老洞庭，霜清彭泽。

译文

秋天使洞庭湖衰老，寒霜使鄱阳湖清澈。

评点

一个“老”字，用得甚好！

苦恼世上，度不尽许多痴迷汉。人对之肠热，我对之心冷；嗜欲场中，唤不醒许多伶俐人。人对之心冷，我对之肠热。

译文

苦恼的人世上，走不完许多的痴心汉子。别人对他们热情，我对他们心冷；寻欢场里，唤不醒许多聪明伶俐的人。别人对他们心冷，我对他们热情。

评点

嗜欲场上，有人性一面。苦恼世界，有许多非人苦恼。

类君子之有道：入暗室而不欺，同至人之无迹，怀明义以应时。一翻一覆兮如掌，一死一生兮若轮。

译文

像君子一样处世有原则：入暗室而不欺侮人，与人一同到达而不张扬显示，怀深明大义以应对时事。一翻一覆就像手掌一样，一死一生就像车轮转动。

评点

君子又何入暗室？不入暗室又何有“暗室不欺”之说？入暗室，非偷即抢，何来君子？

卷五

素

袁石公云：长安风雪夜，古庙冷铺中，乞儿丐僧，齁齁如雷吼；而白髭老贵人，拥锦下帷，求一合眼不得。呜呼！松间明月，槛外青山，未尝拒人，而人人自拒者何哉？集素[①]第五。（作者引言）

译文

袁石公说：长安风雪夜，古庙的冰冷铺位上，乞讨的小孩和游方的丐僧，鼾声如雷吼；而白须的富贵老人，盖着锦被挡着帷幔，想睡一个好觉而不可能。呜呼！松树间的明月，门外的青山，从未曾拒绝过人，而人人都自已拒绝这种自然为什么？集素第五。

注释 <<<

①素：原始，根本，本质自然义。

田园有真乐，不潇洒终为忙人。诵读有真趣，不玩味终为鄙夫。山水有真赏，不领会终为漫游。吟咏有真得，不解脱终为套语。

译文 

田园有真乐趣，不能潇洒最终还是忙人。诵读书籍有真趣味，不会玩品最终还是庸俗人。山水有真欣赏，不能领会最终不过是漫游。吟诗有真心得，不能解脱最终不过是套话。

评点 

世有万般好，只怕不知其妙处。世有千种秀，只怕未生审美之眼。

居处寄吾生，但得其地，不在高广；衣服披吾体，但顺其时，不在纨绮；饮食充吾腹，但适其可，不在膏粱；宴乐修吾好，但致其诚，不在浮靡。

译文 

住处是我寄生的地方，只要有地方，不在乎其高大宽广；衣服是遮盖我身体的东西，只要能适合季节，不在乎华美高贵；饮食是填充我肚子的东西，只要能不饿，不在乎什么美味；宴饮作乐是为了友谊，只要表示出诚意，不在于奢侈排场。

评点 

人生要有两个支点：其一，个人及家人的生命消费适度，不追求过奢；其二，个人对社会要有贡献，多努力，少计较。

只看花开落，不言人是非。

译文 

只看花开花落，不说人间是非。

评点 

古人均懂尘世，古人似乎亦均看破红尘。其实若人人看破，哪里又有是非？

莫恋浮名，梦幻泡影有限；且寻乐事，风花雪夜无穷。

译文 

不要留恋空虚的名声，梦幻泡影都是有限的；暂且寻找欢乐的事情，风花雪月其实是无穷的。

评点 

进追一生名望，到头来两手空空。退求一生欢娱，一辈子不知后悔。

胸中只摆脱掉一“恋”字，便十分爽净，十分自在。人生最苦处，只是此心。沾泥带水，明是知得，不能割断耳。

译文 

胸中只要摆脱掉一个“恋”字，便会十分清爽干净，十分自在。人生最苦的时候，只有这样想。拖泥带水，看上去好像明白，却不割舍掉。

评点 

一生之中，人总有生存紧张困苦的时候。熬过去，你就可以面对任何困难。退回去，便从此再无机会。该放弃的放弃，该忘记的忘记，该面对的面对。

> 无事以当贵，早寝以当富，缓步以当车，晚食以当肉。此巧于处贫者。

译文 

以无事打扰为贵重，以早睡无忧为财富，以慢步行走为车辆，以晚一点再吃饭为肉餐。这是处于贫穷境地的妙法。

评点 

此为处世养生之学。不必以现状为不满，应以现状为知足。

> 性不堪虚，天渊亦受鸢鱼之扰；心能会境，风尘还结烟霞之娱。

译文 

性格不能承受空虚，就是广阔的天渊也难免受到鸢鹰和鱼的骚扰；心能够理解环境，就是世间风尘还能够与烟霞相结欢娱。

评点 

地有所短，心有所长。心若不满，无地可容。心若满足，斗室即是琼台云房。

> 身外有身，捉麈①尾矢口闲谈，真如画饼；窍②中有窍，向蒲团同心究竟，方是力田。

注释 <<<

①麈(zhǔ)：即拂尘。

②窍：指人的七窍。

译文 

身体的外面还有身体，拿着拂尘随便闲谈，真像是在画饼充饥；窍中有窍，在蒲团上探究心的本原，这方是真的功夫。

评点 

世界有三重本质，柏拉图有过类似说法。人的身体亦有其不同的存在形式，有外在的，也有内在的。

世上有一种痴人，所食闲茶冷饭，何名高致？

译文 

世上有一种痴迷的人，他所吃的是剩茶冷饭，为什么会有那样高的名声？

评点 

人名于世上，可以是富名，可以是恶名，可以是忠名，可以是奸名。其名声也许与吃饭有关，但恐怕多半无关。

古今我爱陶元亮[①]，乡里人称马才子[②]。

注释 

①陶元亮：即陶渊明。

②马才子：指游手好闲或少事劳动之人。

译文 

由古至今我喜爱的是陶渊明，乡里的人称马才子。

评点 

人要有陶潜的精神，却不可有陶公的作为。人可以有陶氏的文采，却不可有陶公的弃世。

嗜酒好睡，往往闭门。俯仰进趋，随意所在。

译文 

喜欢喝酒好睡觉，常常关门。对人俯仰进趋，随意而为。

评点 

活人有许多时候很累，因为你要遵守规则。做人有许多时候很难，因为你不敢任意所为。

亲不抬饭[①]，虽大宾不宰牲。匪直[②]戒屠侈而可久，亦将免烦劳以安身。

注释 <<<

①抬饭：正式宴请。

②匪直：不只。

译文 

亲属不用过于客气，虽然是长者也不用宰牲宴请。不只是要防止过多的屠宰，也将免除烦劳以安息身体。

评点 

亲有远近，情有重轻。情重者可以轻待，情轻者必须重款。

饥生阳火炼阴精，食饱伤神气不升。

译文 

饥饿时内生阳火需炼阴精，吃得过饱伤神而气不升出。

评点 

人为动物，内有五脏。须膳食平衡，须营养适当。少不好，多亦不好。

心苟无事，则息自调；念苟无欲，则中自守。

译文 

心中如果无事，则气息自然就协调；念头如果无欲，则内心自己就坚守。

评点 

有事心自乱，有欲性无刚。

鄙吝[①]一销，白云亦可赠客；渣滓尽化，明月自来照人。

注释 <<<

①鄙吝：心胸狭窄。

译文 

心胸一宽阔，白云也可以赠给客人作礼物；杂念排除掉，明月自己就来照亮人。

评点 

白云赠客非赠客，赠者主人之情。明月照人非照人，照出主人之心。

肝胆相照，欲与天下共分秋月；意气相许，欲与天下共坐春风。

译文 

肝胆相照，要与天下共同分享秋月；意气相投，要与天下共同坐迎春风。

评点 

不怕人有私心杂念，只怕他慷慨的是人家东西。不怕人有七情六欲，只怕他不知自己究竟何物。试问，秋月何时属人家，春风哪年收门票？

偶坐蒲团，纸窗上月光渐满，树影参差，所见非色非空[①]。此时虽名衲敲门，山童且勿报也。

注释 <<<

①非色非空：色，即佛教所说的可以感知的物质。空，即佛门。

译文 

偶然坐在蒲团上，窗纸上月光渐渐照满，树影参差摇动，所见非色非空。这时虽然有名僧敲门，童仆暂且先不要通报。

评点 

色与空，心中有分别。色与空，世上谁辨？

会心处不必在远，翳然[①]林水，便自有濠濮间想[②]。不觉鸟兽禽鱼，自来亲人。

注释 <<<

①翳(yì)然：隐没。

②濠濮间想：即庄子与惠子同游濠梁和庄子钓垂濮水的故事。后人用“濠濮间想”比喻逍遥闲居。

译文 

会心的地方不必在远处，隐没于林水间，便有逍遥闲居的想法。不觉间发现鸟兽禽鱼，都自来是亲近人的。

评点 

人出于自然，当亲于自然。

山居胜于城市，盖有八德：不责苛礼，不见生客，不混酒肉，不竞田产，不闻炎凉，不闹曲直，不征文逋[1]，不谈士籍。

注释<<<

①文逋(bū)：有文采的避世隐士。

译文 

在山中居住胜过城市，一共有八项好处：不受礼数束缚，不见陌生客人，不用混吃混喝，不用比赛田产多少，听不到世态炎凉的说法，不争论是非曲直，不用应国家之征，不必谈籍贯何方。

评点 

可无拘无束，亦可无法无天。身在五行外，不理尘世中。

磨墨如病儿，把笔如壮夫。

译文 

研墨的时候少用力气如同有病的孩童一般，拿笔的时候要用劲好像雄壮男人。

评点 

看事评物，心有宽裕。该紧时紧，该放时放。

园中不能办奇花异石，惟一片树阴半庭藓迹，差可会心忘形。友来或促膝剧论，或鼓掌欢笑，或彼谈我听，或彼默我喧，而宾主两忘。

译文 

庭园里不能办置奇花异石，只一片树荫半园的苔藓，差不多就可以会心忘形了。朋友来或者促膝激烈争论，或者鼓掌欢笑，或者他谈我听，或者他听我说，而宾主身份两样都忘了。

评点

国人少能忘形，也少有忘形之地。与挚友交，忘形真是一件难得好事。

夜寒坐小室中，拥炉闲话。渴则敲冰煮茗，饥则拨火煨芋。阿衡[1]五就，那如莘野[2]躬耕？诸葛七擒，争似南阳抱膝？

注释<<<

①阿衡：商汤的辅臣伊尹名阿衡。

②莘（xīn）野：指隐居处。

译文

夜晚寒冷坐在小屋里，围着炉火谈话。渴了就敲冰煮茶，饿了就拨火烤土豆。阿衡五次当大官，哪里比得了隐居耕种？诸葛亮七擒孟获，怎么能比南阳抱膝潇洒？

评点

国有难，需烈士。人皆围炉，何人报国？

久坐神疲，焚看[1]仰卧，偶得佳句，即令毛颖[2]君就枕掌记。不则，展转失去。

注释<<<

①焚看：疑是焚香的讹误。

②毛颖：毛笔别称。

译文

久坐后神态疲倦，焚香仰卧，偶得佳句，用毛笔在枕上记在手心里。不然，辗转就会失去。

评点

人是高等动物，会思考，有灵感。人不是机器，因此对事情不会过目不忘。俗语讲：好记性不如烂笔头。说的就是此理。勤，当能补拙。

灯下玩花，帘内看月，雨后观景，醉里题诗，梦中闻书声，皆有别趣。

译文

在灯下欣赏花，在帘内观月亮，在雨后望风景，在醉中题诗句，在梦里听读书声，都有另一番情趣。

评点

事要别做，方有别趣。

甜苦备尝好丢手，世味浑如嚼蜡；生死事大急回头，年光疾如跳丸。

译文

甜与苦全都尝过可以放弃了，尘世的味道浑然就像嚼蜡一样；生与死是大事要赶快回头，年月如跳跑的圆丸一般迅速。

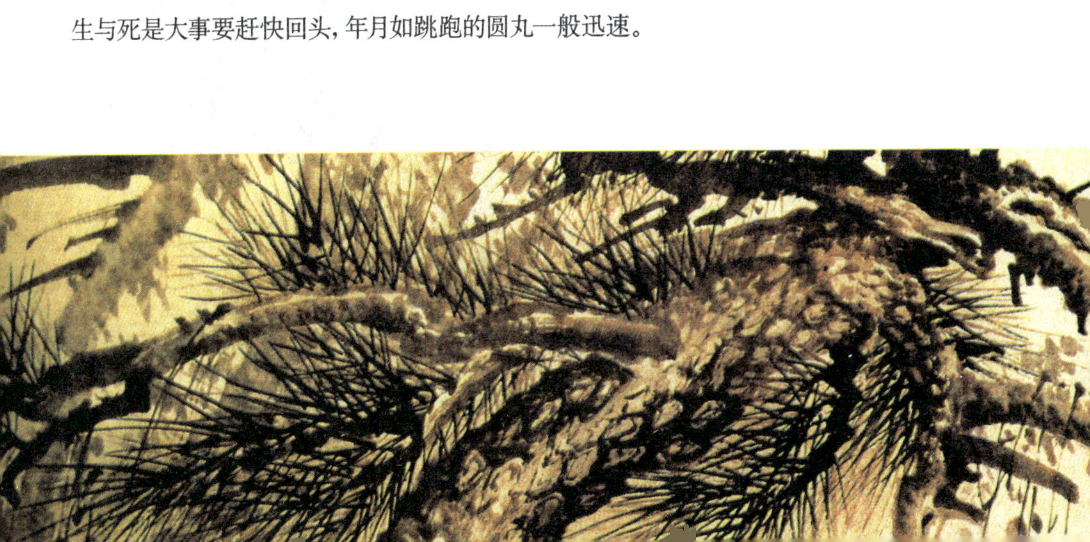

评点 

知人间苦甜，正该续继。见生死大事，需要珍惜。

若富贵由我力取，则造物无权；若毁誉随人脚根，则谗夫得志。

译文 

如果富贵由我用力量夺取，那么造物主就没有了权力。如果谤诽与称赞随人任意，那么说坏话的人就会得志。

评点 

人要有自立之志，无论世道怎样。人要有自强之心，无论做事如何艰难。

清事不可着迹。若衣冠必求奇古，器用不必求精良，饮食必求异巧，此乃清中之浊。吾以为清事之一蠹。

译文 

做清心之事不可以有痕迹。若穿衣戴帽一定要奇怪，用的东西不必好，吃的东西一定要非同一般，这是清澄中的浊流。我以为这是清心事中的一种蛀虫。

评点 

无论古人无论今人，以清高清纯为名，行污浊龌龊之事者大有人在。所谓司马昭之行(非之心)，路人皆见。

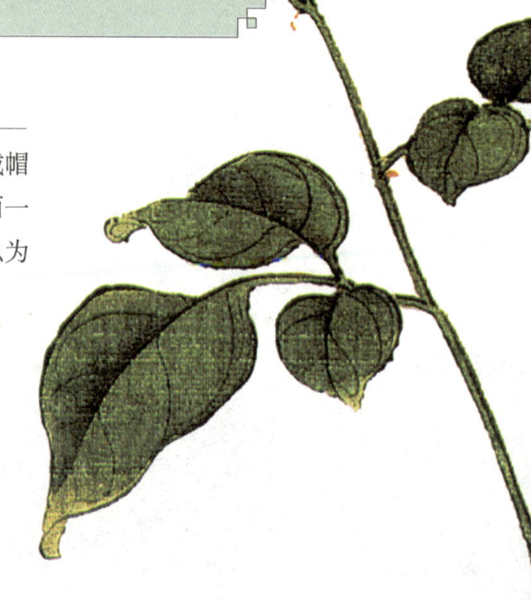

若想钱而钱来，何故不？若愁米而米至，人固当愁。晓起依旧贫穷，夜来徒多烦恼。

译文 

如果心想钱而钱来了，为什么不想？如果发愁米而米到了，人当然应发愁。早上起来依旧穷贫，夜晚白白添了许多烦恼。

评点 

国人古来有守穷一说，以为守穷也即守节。如果多一点劳动，多一点付出，古时也可有些许回报。生活改善一些，日子松弛一点，显然不是坏事。所以，今人当不应再有以守穷为节操的想法。

行合道义，不卜自吉。行悖道义，纵卜亦凶。人当自卜，不必问卜。

译文 

做事合乎道义，不用算命。行为违背道义，就是算命也是凶卦。人当自己给自己去算命，不用去问卦。

评点 

人可以不知法律条文何在，人可以不解道义文字奥妙，但人不可以不知道何事该为何事该拒。问卦抽签糊涂事，哪如心知肚里明。

河边共指星为客，花里空瞻月是卿。

译文 

在河边上一起把星星指为客人，在花丛里向空中望去月亮是朋友。

评点 

人若孤独一处，或星或月均为挚友。人要高朋满座，或云或雨均去脑后。

人之交友，不出趣味两字。有以趣胜者，有以味胜者。然宁饶于味，而无饶于趣。

译文 

人交朋友，脱不出趣味两个字。有以兴趣赢得人的，有以意味赢得人的。然而宁可亲近于意味，而不要亲近于兴趣。

评点 

就人而言，兴趣与意味均为做人的重要心理要求，偏废不可。

守恬淡以养道，处卑下以养德，去嗔怒以养性，薄滋味以养气。

译文 

坚守安详恬淡以修养道，处境低下微贱以修养德，去掉与人争斗以修养性情，减少对滋味的追求以修养气息。

评点 

修养是一个人必须时时注意的做人原则，其不分条件，不问场合，均须有。

吾本薄福人，宜行惜福事；吾本薄德人，宜行厚德事。

译文 

我本来是福薄的人，应当做珍惜福的事情；我本来是德少的人，应当做增加德的事情。

评点 

何以为福薄，何以为德薄？何以为福厚，何以为德厚？无论薄厚，人均应为善。若以实论，哪有福德薄厚之人呢？其厚者可以损失一些，以补薄者吗？否！

知天地皆逆旅，不必更求顺境；视众生皆眷属，所以转成冤家。

译文 

知道人生的天地都是困难的旅途，不用要求什么顺利之境；把百姓都看成是自己的家人，所以就变成了冤家。

评点 

人生难变，就是一念。一念之差，差之千里。

得趣不在多，盆池拳石间，烟霞具足。会景不在远，蓬窗竹屋下，风月自赊。

译文 

得到的益趣不在于多，只在盆池拳石的小景中间，风景完全具备。美景会聚一起并不在远处，蓬草扎的窗户竹修的屋子下面，风花雪月自然多多。

评点

伸一伸心情，风花雪夜均有。锁一锁眉头，烟霞情趣皆无。

会得个中趣，五湖之烟月尽入寸衷；破得眼前机，千古之英雄都归掌握。

译文

领会得出其中的情趣，五湖的风烟日月都装入心中；破解出眼前的机锋，千古的英雄都归你掌握。

评点

历史是一个谜，知谜底者知天下。现实是个谜阵，走出谜阵者得天下。

一泓溪水柳分开，尽道清虚搅破；三月林光花带去，莫言香分消残。

译文

一湾溪水把柳树分开，都说清虚之境界被搅破了；三月的林中色彩被花带走了，不要说香气已经消散只残留下一点。

评点

清虚只是心境，自然并无清虚境。

卷六

景

结庐松竹之间，闲云封户；徙倚青林之下，花瓣沾衣。芳草盈阶，茶烟几缕，春光满眼，黄鸟一声：此时可以诗可以画，而正恐诗不尽言，画不尽意。而高人韵士，能以片言数语尽之者，则谓之诗可，谓之画可，则谓高人韵士之诗画亦无不可。集景第六。（作者引语）

译文

房子建在松树竹林之间，悠闲的云遮在门前；徘徊流连在绿林之下，花瓣沾在衣襟。芳草长满台阶前面，煮茶的烟飘起几缕，春光满眼，黄鸟一声啼叫：此时可以写诗可以作画，而正担心的是诗不能说尽想说的话，画不能画尽想画的意思。而高明之人和写诗之士，能以只言片语说完意思的，就说他写诗行，说他画画行，或者说高明的人和写诗之士的诗作和绘画没有不行的。集景第六。

评点

诗是否可以写，画是否可以画？不论高人韵士否。若有心情，言即为诗；若有手段，笔即为画。

垂柳小桥，纸窗竹屋，焚香燕坐，手握道书一卷。客来则寻常茶具，本色清言。日暮乃归，不知马蹄为何物。

译文 

垂柳小桥，纸窗的竹屋，点香闲坐，手里拿着道家经书一卷。有客人来则用寻常的茶具，不用客套地闲聊。日落的时候回去，不知马蹄是什么东西。

评点 

安步以当车，安身以当船，安情以当桨，安心以当帆。人若安闲，福气无边。

清晨林鸟争鸣，唤醒一枕春梦。独黄鹂百舌，抑扬高下，最可人意。

译文 

清早时林中的鸟争着鸣叫，唤醒了人的春宵酣梦。独有黄鹂叫得最勤，抑扬顿挫忽高忽低，最可人心意。

评点 

有林便招百鸟，有鸟便有争鸣。世有万般美好，哪及早林听音。

高峰入云，清流见底；两岸石壁，五色交辉；青林翠竹，四时俱备；晓雾将歇，猿鸟乱鸣；日夕欲颓，沉鳞竞跃……实欲界之仙都。自康乐以来，未有能与其奇者。

译文 

高峰入云，清流见底；两岸石壁，各种光色辉映；青翠的树林绿碧的竹子，什么时候都在；晨雾将散，猿猴和小鸟乱叫；太阳欲落，水底的鱼争相跃出水面……实在是现实欲望世界里的仙都。自从谢灵运以来，未能有与它相比更奇美的了。

评点 

入自然深幽之景，品自然甜美之性，发自然无限之慨，思自然古今之妙。

> 曲径烟深，路接杏花酒舍；澄江日落，门通杨柳渔家。

译文 

曲折小路通向烟雾缭绕处，道路接着杏花丛中的酒馆；清澈的江面上日落，门通向杨柳林后的渔家。

评点 

杏花村李太白有指，杨柳枝白乐天有听。饮入杏花小酒，可听杨柳小调。

> 每登高丘，步邃谷，延留燕坐，见是崖瀑布寿木垂萝，闷邃岑寂之处，终日忘返。

译文 

一登上高山，走进深谷，滞留而高兴地坐着，见到悬崖瀑布和古树藤萝，狭窄深远寂静的地方，到了晚上忘记返回。

评点

有路，有桥，有亭，所到为人痕甚重之处，感觉苦淡。去那无路，无桥，无亭亦无人到的山景中，才知自然真美。

每遇胜日有好怀，袖手哦古人诗足矣。青山秀水，到眼即可舒啸，何必居篱落下然后为己物。

译文

每次遇到好日子即有情怀，抄起手吟诵古人诗就够了。山青水秀，到眼中即可舒展地长啸，何必要呆在古人的篱笆下面然后才学会写自己的诗呢？

评点

对山水，有诗则诗，有歌则歌，有啸则啸，莫管酒杯是谁的。只要情怀得抒，胸臆有放，便是好事。

柴门不扃，筠帘半卷，梁间紫燕呢呢喃喃，飞出飞入。山人以啸咏佐之，皆各适其性。风晨月夕，客去后，蒲团可以双跏[①]；烟岛云林，兴来时，竹杖何妨独往？

注释<<<

①双跏（jiā）：佛教徒打坐的方法。

译文

柴门不闩，竹帘半卷，房梁中间紫燕呢喃有声，飞出飞入。山里人用啸叫声相伴，都各自适合秉性。有风的早晨和有月的晚上，客人走后，在蒲团上可以盘腿而坐；炊烟笼罩小岛云雾遮住树林，兴致来的时候，何妨拄竹杖独自前往？

评点

山气日夕佳，飞鸟相与还。山景湖景皆为胜景，炊烟云烟皆为心烟。

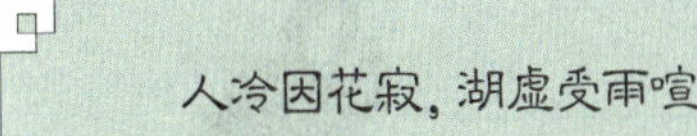

人冷因花寂，湖虚受雨喧。

译文 

人冷落是因为花谢了，湖水少了接受雨下喧喧。

评点 

心冷更胜身寒，心空难抵凄风。

以江湖相期，烟霞相许。付同心之雅会，托意气之良游。或闭户读书，累月不出。或登山玩水，竟日忘归。斯贤达之素交，盖千秋之一遇。

译文 

相约在江湖，以烟霞相许。付出同样心情的雅兴聚会，托付意气的结伴冶游。或者闭门读书，月余不出。或者登山玩水，日暮忘归。就有与贤达人士的真诚交往，全都是千秋才有的一遇。

评点 

期盼同学、同乡、同侪们的同心者们的相聚，人生苦短，友谊绵长，相逢本来难得。想念远山、长水、飞云的自然的山山水水，人生繁杂，日子枯燥，走近本来不易。

荫映岩流之际，偃息琴书之侧。寄心松竹，取乐鱼鸟，则淡消之愿于是毕矣。

译文 

荫影映在岩溪上，在琴书的旁边仰卧睡下。向松竹寄予心思，取娱乐于鱼鸟，慢慢地欲望没有了。

评点

初生牛犊不惧老虎，人在少时不惧世道。如入深山，树磨藤绕，利欲之心自然淡去，为名之想自然消退。

庭前幽花时发，披览既倦，每啜茗对之。香色撩人，吟思忽起，遂歌一古诗，以适清兴。

译文

庭院前的小花不时开放，读书已经疲倦，每每地品着茶看着它。香色撩动人，吟诗心思忽然涌起，于是唱诵了一首古诗，以使清雅的兴致满足。

评点

一日读书，一日思游，一日文章，一日绞脑。忽闻暗香初至，沁入心脾，性情自然一振，脑筋自然清楚。

几分春色，全凭狂花疏柳安排；一派秋容，总是红蓼白蘋妆点。

译文

几分春天色彩，全凭怒放的花朵和稀疏的柳树安排。一派秋天容貌，总是由蓼红和白蘋妆点。

评点

春本无色，无花无草，你不知春在何处。秋亦无形，无标无识，你怎知秋已到来？

南湖水落，妆台之明月犹悬。西廓烟销，绣榻之彩云不散。秋竹沙中淡，寒山寺里深。

译文

南湖的水下落，明月还挂在天上供美人梳妆。西边的烟云消散，绣床上的卿卿我我还未散去。秋天的竹子在沙中淡淡地伫立，寒山寺庙里越见幽深。

评点

南湖水落亦有月，西廓烟销亦有云。

野旷天低树，江清月近人。

译文

野地开阔天低树般高，江水清澈月亮与人近。

评点

天高云可低，水浊月可明。

潭水寒生月，松风夜带秋。

译文 

潭水寒冷映着明月，松风夜起带出秋天。

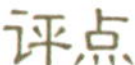评点 

月本自寒，一副冰冷美人，拒人以千里。秋本萧瑟，几眼叶红粱黄，邀友与共食。

抱影寒窗，霜夜不寐，洄徘松竹下。四山月白露坠，冰柯相与，咏李白《静夜思》，便觉冷然寒风。就寝复坐蒲团，从松端看月，煮茗佐谈，竟此夜乐。

译文 

在寒凉的窗前抱膝影坐，下霜的夜晚不能睡觉，到松树竹子下面徘徊。四山月光银白霜露下坠，把冰凉柯枝给你，咏诵李白的《静夜思》，便觉得寒风冷凉。回到寝室又坐在蒲团上，从松树的梢上看月，煮茶伴助谈兴，就这样一夜欢乐。

评点 

霜降秋深，四野黄红。人入画景，心在胜境。夜坐赏月，初知寒冷。煮茗清淡，方出诗兴。

云晴叆叇[①]，石楚流滋。狂飚忽卷，珠雨淋漓。黄昏孤灯明灭，山房清旷，意自悠然。夜半松涛，惊飓蕉园。鸣琅窾[②]坎之声，疏密间发。愁乐交集，足写幽怀。

注释 <<<

①叆(yì)叇(dài)：云盛的样子。

②窾(kuǎn)坎：象声词。

译文

天晴云还盛，石清有水流。狂风忽卷来，大雨淋漓下。黄昏时孤灯忽亮忽灭，庙房清虚空旷，感觉上悠然自得。半夜的松林涛声，惊飓风吹入蕉园。叮当啌啀的声音，或紧或慢或多或少。忧欢交集，足以表示幽清的情怀。

评点

山深岳老，松古竹寿。人在其间，不知世上日月。心在其内，不问国是民愁。只晓自己尚在，何有其他心情？

名从刻行，源分渭亩[①]之云；倦以据梧，清梦郁林之石。

注释 <<<

①渭亩：《史记·货殖列传》载："齐鲁千亩桑麻，渭川千亩竹……此其人皆与千户等。"后人用"渭亩"或"渭川千亩"来形容竹林茂盛。本文指人因拥有广大竹林而有名，或渭川竹林给主人带来名声。

译文

名声借雕版而传扬，源头起于渭川千亩竹云；疲倦就拄着梧杖，清梦里梦见幽幽树林中的石头。

评点

梦里树林清幽，小径曲绕不知所终。林中小室暗窗，忽然一烛火灯闪动。灯灭，林中一片漆黑，黑暗中些许不明之声响起。

夕阳林际，蕉叶堕而鹿眠；点雪炉头，茶烟飘而鹤避。

译文 

夕阳落向林子的尽头，芭蕉叶坠地而鹿睡着了；炉子旁有一点雪，煮茶的烟飘起而鹤避开了。

评点 

人在夕阳中徜徉，心绪也略似夕阳。人在炉火边看守，感觉也略像炉火。

高堂客散，虚户风来。门不设关，帘钩欲下。横轩有狻猊之鼎，隐几皆龙马①之文。流览霄端，寓观濠上。

注释 <<<

①龙马：指古代传说中的龙头马身神兽。

译文 

高大堂屋中客人散去，虚关的门中风来。门不设闩划，帘钩欲放下。横在门口有狮子鼎，几桌上隐约可见的是龙马花纹。搜索着云端，注视着濠水。

评点 

志向高远，盼望着能够一展宏图，效力国家。

山经秋而转淡，秋入山而倍清。

译文

山经过秋天而色彩转淡，秋天入山而山色倍显清爽。

秋天凉爽，爽山爽水亦爽人。秋色怡人，怡脾怡肺亦怡心。

白云徘徊，终日不去。岩泉一支，潺湲斋中。春之昼，秋之夕，既清且幽，大淂隐者之乐，惟恐一日移去。

译文

白云犹犹豫豫，终日不离去。岩中泉水一支，慢慢流入斋园中。春季的白天，秋季的晚上，隐居者从中得到了特别大的欢乐，唯恐一日间离去。

评点

四季轮回，并无孰轻孰重。春夏秋冬，总有你来我往。人心飞动，只喜一季二季，只盼某日长留。然而无可奈何，只能夏留薄衫冬置皮袍。

结庐人迳，植杖山阿。林壑地之所丰，烟霞性之所适。荫丹桂，藉白茅，浊酒一杯，清琴数弄，诚足乐也。

译文

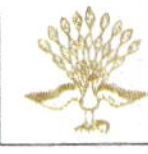

房子盖在路旁，拄着杖站在山角。丰饶了林中谷地，熟悉了烟霞的习性。在桂树荫下，沏上白茅茶，倒上一杯浊酒，弹几下琴，真是十分地快乐。

评点 

桂树本是人间有，为何月宫插一棵?要寻梦境不必远，心入幽山就是神。

小窗下修篁萧瑟，野鸟悲啼；峭壁间醉墨淋漓，山灵呵护。霜林之红树，秋水之白苹。

译文 

小窗下面修竹萧瑟，野鸟在悲鸣；峭壁中间醉酒后作山水画淋漓尽致，山灵在呵护。霜入林间红了树叶，秋到水畔白了浮萍。

评点 

秋草、秋木、秋竹，秋云、秋雨、秋霜。秋到山中万叶红，如一幅醉画。秋至水边苇蒲黄，如几片低云。

云收便悠然共游，雨滴便泠然俱清，鸟啼便欣然有会，花落便洒然有得。

译文 

阴云收去便悠闲地一同去游玩，雨下来了便泠然间使一切变得清洁，鸟儿啼鸣便高兴地有约会，花儿雨落便放松地有了一些收获。

评点 

云不得意，天上下雨。风不得意，怒号狂吼。水不得意，浊浪排天。人不得意，走入自然。

杏花疏雨，杨柳轻风，兴到欣然独往。村落烟横，沙滩月印，歌残倏尔言旋。

译文

杏花淋着稀疏的雨，杨柳和着轻风，兴致来的时候欣然独往。村落上空烟横，沙滩上映着月光，歌刚唱罢马上又开始交谈。

评点

古人与今人有异，喜雨喜风喜雪，喜其中独受沐浴。今人与古人有异，喜雨喜风喜雪，喜隔窗相望不染。

赏花酣酒，酒浮园菊片三盏。睡醒问月，月到庭梧第二枝。此时此兴，亦复不浅。

译文

饮酒酣醉赏花，三盏酒里浮着园中菊花瓣。睡醒后观月，月到庭中梧桐的第二枝。这种时候，这种兴致，也真不浅。

评点

酒浮菊花，似有诗意。人浮酒中，何兴能有？

看山雨后，霁色一新，便觉青山倍秀。玩月江中，波光千顷，顿令明月增辉。

译文

看山雨下过后，天晴景色一新，便觉得青山更加秀美。赏月在江中心，波光千顷，顿时让明月增辉。

评点 

雨后气象新凉，月在水中如银。

玉树之长廊半阴，金陵之倒景犹赤。

译文 

槐树的长廊遮住半荫，钟山的倒影还显微红。

评点 

落日之前，江水金红。波光里面，景色尤佳。

小窗偃卧，月影到床。或逗留于梧桐，或摇乱于杨柳。翠华扑被，神骨俱仙。及从竹里流来，如自苍云吐出。

译文 

卧在小窗下，月光照到床。或者停留在梧桐树上，或者散乱在杨柳间。绿玉般光华铺下，精神和身体都成仙逸状。等到从竹缝中照下，就像从青色云中涌出。

评点 

月色皎洁，引人入胜境。四野模糊，朦胧中许多味道。

卷七

韵

人生斯世，不能读尽天下秘书灵籍。有目而昧，有口而哑，有耳而聋，而面上三斗俗尘，何时扫去？则"韵"之一字，其世人对症之药乎？虽然，今世且有焚香啜茗，清凉在口，尘俗在心，俨然自附于韵，亦何异三家村老妪？动口念阿弥，便云升天成佛也！集韵第七。（作者引语）

译文 

人生在这个世界上，不能读完天下的好书。有眼睛而失明，有口而喑哑，有耳而聋聩，而脸面上的三斗世俗之尘，何时打扫去？那么"韵"一个字，是世上人的对症之药吗？虽然，现在世上有的人焚香品茶，清凉在口中，尘俗在心里，俨然自己称自己把握住了韵神，又与三家小村中的老太太有什么差别？动口念了几句"阿弥"，便谈起了升天成佛的事！集韵第七。

陈慥①家蓄数姬，每日晚藏花一枝。使诸姬射覆②，中者留宿，时号花媒。

注释<<<

①陈慥：宋人。字季常。与苏轼为友。

②射覆：猜物。

译文 

陈慥家里养了几位姬妾，每天晚上藏起一枝花，让姬妾们猜，猜中的人留住，当时号称“花媒”。

评点 

也许是古人的雅兴，也许是文人的清趣，但以蓄姬养妾论，虽为古时风气，却也是陋习一件。

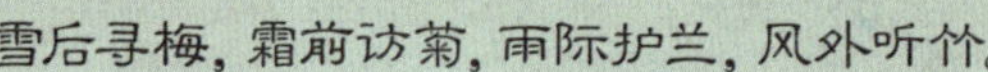

雪后寻梅，霜前访菊，雨际护兰，风外听竹。

评点 

无生存压力，去心头重负，不必每日劳作，便有如此闲心。

清斋幽闭，时时暮雨打梨花；冷句忽来，字字秋风吹木叶。多方分别，是非之窦易开；一味圆融，人我之见不立。

译文 

清静的斋房幽幽关闭着，暮雨时时拍打着梨花；忽然想出一句别人未用的冷句，字字都像秋风在吹打着树叶。与人多日分别，容易打开是非之门；一味地圆滑通融，区别于他人的见解就不能确立。

评点 

冷句难想，佳句难作。世人皆口，有话皆说。谁敢大言，佳语满篇？谁敢不惭，以为自尊？

春云宜山，夏云宜树，秋云宜水，冬云宜野。

译文 

春天的云彩适合山，夏天的云彩适合树，秋天的云彩适合水，冬天的云彩适合野。

评点 

春云秋云各不同，夏云冬云有千秋。然而若换气象站，云彩都是水生成。

清疏畅快，月色最称风光；潇洒风流，花情如何柳态？

译文 

清爽畅快，月色是最好的风光；潇洒风流，花的情形如何是柳树的神态？

评点 

花非柳，有丽容而难有柳腰。柳非花，有柳腰而未见丽容。人非花柳，亦有花柳之心。

春夜小窗兀坐，月上木兰有骨，凌冰怀人如玉。因想“雪满山中高士卧，月明林下美人来”语，此际光景颇似。

译文 

春夜小窗前独自坐着，月光下木兰显得挺硬实，迎着清冷怀念着在远方的如玉。因此想起了“雪满山中高士卧，月明林下美人来”的诗句，这里的光景很像。

评点 

想远方佳人，望窗外明月。莫做无聊高士，且当一回俗人。

文房供具，借以快目适玩。铺迭如市，颇损雅趣。其点缀之注，罗罗清疏，方能得致。

译文 

书房里陈设酒食的器具，用它们来愉悦眼睛或者玩耍。铺排如市场一般，很损伤雅致的兴趣。其点缀和摆设，简明疏透，方能得到方法。

评点 

家中置景，不可太杂太满。留有空旷，留有空白，少精点缀，便有逸趣。否则，则俗庸了。

香令人幽，酒令人远，茶令人爽，琴令人寂，棋令人闲，剑令人侠，杖令人轻，麈令人雅，月令人清，竹令人冷，花令人韵，石令人隽，雪令人旷，僧令人谈，蒲团令人野，美人令人怜，山水令人奇，书史令人博，金石鼎彝令人古。

译文 

香令人意幽，酒令人身远，茶令人心爽，琴令人神寂，棋令人闲适，剑令人侠义，杖令人轻巧，麈令人雅致，月令人清丽，竹令人冷峻，花令人韵逸，石令人隽秀，雪令人旷达，和尚令人兴谈，蒲团令人成为山野僧人，美人令人爱怜，山水令人奇异，《尚书》《史记》令人博学，金石祭鼎令人古气。

评点 

物有物性，人有人气。物人相通，方有灵犀。物因人而灵，人因物而兴。相辅相成，乃是妙境。

吾斋之中，不尚虚礼。凡入此斋，均为知己。随分款留，忘形笑语。不言是非，不侈荣利。闲谈古今，静玩山水。清茶好酒，以适幽趣。臭味之交，如斯而已。

译文

在我家中，不喜欢虚伪的礼数。凡是到这里的人，都是知己。随便款待挽留，笑语忘形。不说是非，不显示荣耀利禄。闲谈古今，静静玩赏山水。清茶好酒，以适应幽幽情趣。臭味相投，如此而已。

评点

真朋友不必客气，假朋友虚虚乎乎。人不能全说真话，亦不能只交假朋友。

窗宜竹雨声，亭宜松风声，几宜洗砚声，榻宜翻书声；月宜琴声，雪宜茶声，春宜筝声，秋宜笛声，夜宜砧声。

译文

窗子适合听竹雨声，亭子适合听松涛声，几案适合听洗砚台声，床榻适合听翻书声；月亮适合听琴声，白雪适合听品茶声，春天适合听古筝声，秋天适合听竹笛声，夜晚适合听洗衣捶石声。

评点

何物何声，似乎绝对。然而其中确有道理。试想，正在花坛嗅花，忽然一阵汽车臭屁声传来；正在体味林静山幽之美，忽然一阵汽锤叮当，一阵开山爆炸，狼烟四起土石满天，你还敢有兴趣与情致吗？

鸡坛[①]可以益学，鹤阵[②]可以善兵。

注释<<<
①鸡坛：古人相交，垒土坛，供鸡犬。后以“鸡坛”为交友拜盟之典。
②鹤阵：古代战阵名。

译文

祭鸡之坛可以增加朋友，鹤阵可以练兵。

评点

人有新朋老友，但需学而有益。若有害，便是损友。

竹径款扉[①]，柳阴班席，每当雄才之处。明月停辉，浮云驻影，退而与诸俊髦[②]西湖靓媚。赖此英雄，一洗粉泽。

注释<<<
①款扉：敲门。
②俊髦：俊杰。

译文

竹林小路叩门，柳荫下按次序落座，每当有英雄高才来到。明月没有了光辉，浮云住停了身影，退下来与俊杰们一起观看西湖的妩媚。正是依赖这些英雄，西湖才洗去了脂粉气。

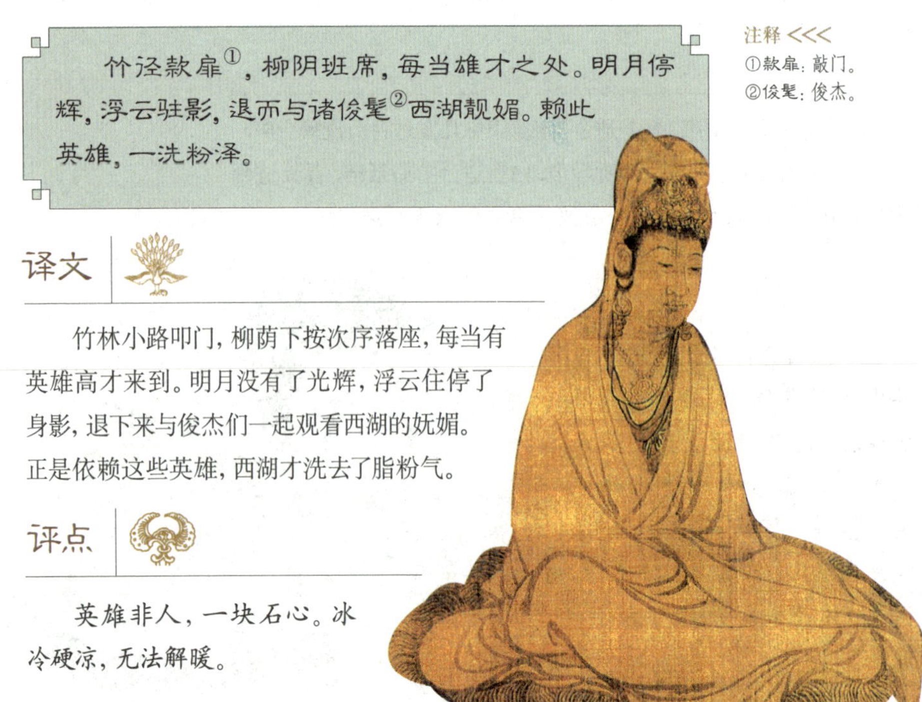

评点

英雄非人，一块石心。冰冷硬凉，无法解暖。

云林①性嗜茶，在惠山中，用核桃、松籽肉和白糖，成小块，如石子，置茶中，出以啖②客。名曰“清泉白石”。

注释<<<

①云林：明代文人徐应秋，字云林。

②啖(dàn)：吃。

译文

云林嗜茶成癖，在惠山里，用核桃仁、松籽仁和上白糖，做成小块，像小石块，放在茶里，请来客品尝。名曰“清泉白石”。

评点

国人若生活极难，便不甚讲究，可以随便一些。若有可能，便会十分精致，以求出一点韵味。因此，生活便有了一些生机。

有花皆刺眼，无月便攒眉当场。浔无妒我！花归三寸管，月代五更灯，此事何可语人？

译文

有花全都刺眼，没有月亮便当场皱眉。不要妒忌我！花归属毛笔，月替代五更的灯，此事怎么可以说给别人呢？

评点

花落笔下都是情，月悬五更自是灯。

填不满贪海，攻不破疑城。

译文

贪欲之海填不满，怀疑之城攻不破。

评点 

贪欲并非起于生存需要，因此无尽无休。怀疑并非是有形之城，因此任凭狂轰滥炸当岿然不动。

机息便有月到，风来不必苦海。人世心远，自无车尘马迹，何须痼疾丘山。

译文 

停止巧诈功利之心便有月光照到，风吹来就不再是苦海。身在人世心在遥远，自然没有车尘马迹的嘈杂，何须长久地迷恋山水。

评点 

山水只是外形，心静方是内质。山水年年都有，心境未必常佳。

郊中野坐，固可班荆；径里闲谈，最宜拂石。侵云烟而独冷，移开清笑胡床；藉竹木以成幽，撤去庄严莲坐。

译文 

在郊野处随便坐下，固然可以与友倾谈；在小路上闲聊，最适合掸去石上尘土。云烟逼近而独自感觉寒冷，挪开小凳清言谈笑；借竹木形成幽荫，拿走庄严的莲花佛座。

评点 

随便一点，随便一点做事，随便一点做人。少一点庄严，多一点自由。

情因年少，酒因境多。

译文 

有情因为年少，饮酒因为经历多。

评点

沧海本无流，日月做纤夫。英雄有泪弹，皆因情伤处。

看书筑得村楼，空山曲抱。跌坐扫来，花径乱水斜穿。

译文 

看书得修建山村小楼，空旷的山岭环抱。顺着陡坡迅速跌落下滑，花圃小路和弯曲的溪水斜插穿过。

评点

山岭空旷，方觉世上有阔胸壮志之处。花径乱水，才知人间亦有幽清韵味可品。

倦时呼鹤舞，醉后倩僧[1]扶。

注释 <<<

①倩僧：请求和尚。

译文 

疲倦时招呼鹤跳舞，酒醉后请求和尚搀扶。

评点 

倦时当自行歇息，干吗要鹤受累？饮酒本应自持，为何烦劳和尚？

万绿阴中，小亭避暑。八达洞开，几簟[①]皆绿。雨过蝉声来，花气令人醉。

注释<<<
①簟(diàn)：竹席。

译文 

绿荫中，在小亭避暑。四通八达的道路洞开，几丛簟竹都绿葱。雨停蝉声又来，花香令人沉醉。

评点 

暑热本无情，绿荫罩人。夏日本难过，洞开有凉风。

栽花种竹，全凭诗格取裁。听鸟观鱼，要在酒情打点。

译文 

栽花种竹，全凭着诗兴取舍。听鸟鸣观鱼跃，要在酒的情绪中斟酌。

评点 

生有目的，为的是自由自在。生无目的，一切全看心情。

曲沼荇香侵月，未许鱼窥。幽关松冷巢云，不劳鹤伴。

译文 

弯曲的水塘中荇草香气直逼月亮，未让鱼看见。幽峻关口松树冷淡了巢中的云彩，不用烦劳鹤做伴。

评点 

夜景里，香暗关幽，不知去路在哪。白日中，鱼游鹤翔，自有回家坦途。

楼前桐叶，散为一院清阴；枕上鸟声，唤起半窗红日。

译文 

楼前面的桐树叶，散开遮下了半院的清凉树荫；在枕上听到鸟叫，唤出了半个窗子的红日。

评点

夏日暑热，有荫正好乘凉。觉到酣处，哪问鸟鸣红日。

高士流连花木，添清疏之致。幽人剥啄莓苔，生黯淡之光。

译文 

高雅之士流连于花草树木，添些清新的情致。隐士品评青苔，生出晦黯中的淡光。

评点 

高士亦可为隐居，隐士亦可有清致。

松涧边携杖独注，立处云生破衲。竹窗下枕书高卧，觉时月侵寒毡。

译文 

带着拐杖独自前往松林涧边，站立的地方云彩从破衲衣里生出来。在竹窗下面枕着书酣睡，醒来时月光照上了寒冷的毡子。

评点 

云在何处，心便在何处。月在哪里，人便在哪里。

月有意而入窗，云无心而出岫。

译文 

月亮有意入窗而来，云彩无心飘出山峦。

评点 

人有意，月便入窗。山无意，方放云出。

屏绝外慕，偃息长林。置理乱于不闻，托清闲而自佚。松轩竹坞，酒瓮茶铛，山月溪云，农蓑渔罟。

译文 

隔绝对外羡慕，隐居在深幽林中。不去问治与乱一类事，为清静闲适而自己劳动。以松树做门窗以竹子做房子，酒瓮茶锅，山中月亮溪中云，农夫的蓑衣渔人的网。

评点 

地球不大，国家不小。要躲清静，实在难找。你可不问世事，难免是非上身。你以竹木为房，森林警察岂饶？心态自然点，不必过分计较。

晓起入山，新流没岸。棋声未尽，石磬依然。

译文 

早起进山，新涨的水没岸。下棋声未结束，敲石磬的声音依旧。

评点 

对弈手谈皆有益，只怕时间无闲。进山过水皆有情，只惧心绪太重。

世路中人，或图功名，或治生产，尽自正经。争奈天地间好风月，好山水，好书籍，了不相涉，岂非枉却一生？

译文 

在尘世路上走的人，或图功名，或从事生产，尽量老老实实。怎奈天地间有好风月，好山水，好书籍，完全不相干，岂不是枉过了一生？

评点 

该潇洒你就潇洒，心中莫有长绳缚。该糊涂你就糊涂，莫以为自己聪明。

松声竹韵，不浓不淡。

译文 

松涛声和竹子的韵音，不浓不淡。

评点 

松在风中成涛声，竹在风里成管韵。

生平愿无恙者四：一曰青山，一曰故人，一曰藏书，一曰名草。

译文 

愿一生没有毛病的人有四个朋友：一是青山，一是老朋友，一是藏书，一是有名的花草。

评点 

人生寡淡，显然可以益寿。然而生活应当平淡，工作却该轰烈。否则一生犹如一日，感觉岂非冤枉。

快欲之事，无如饥餐。适情之时，莫过甘寝。求多于清欲，即侈汰亦茫然也。

译文 

恣意所欲的事，无法比饥时一餐。适怡情绪的事，比不过静卧安睡。要求多于清净的欲望，就是特别的洗涤也是没有办法。

评点 

人有欲望，本属正常。只要不出国法道德边界，便可以允许。

卷八

奇

我辈寂处窗下，视一切人世，俱若蠛蠓[①]婴傀，不堪寓目。而有一奇文怪说，目数行下，便狂呼叫绝，令人喜、令人怒、更令人悲。低徊数过，床头短剑亦鸣鸣作龙虎吟，便觉人世一切不平，俱付烟水。集奇第八。(作者引语)

注释 <<<

①蠛蠓：一种小虫。

译文

我们这些人每日寂然地在窗下桌前，冷眼看人世炎凉，全都如同小虫婴孩一般，皆不堪瞩目。然而有一些奇文怪说之书，只要观之数行，便狂叫拍案叫绝，既叫人狂喜，又叫人愠怒，更有令人悲愤之处，低首徘徊，便觉得挂在床头的短剑发出如同虎啸龙吟之声，如此，人世间一切不平之事都将付之于轻烟水雾一般。集奇第八。

评点

人间许多不平事，如何对之？怒而伤身，愁而伤神，且徒而无用。当入事中，挥起清白板斧，一一砍去。此方为真英雄。

吕圣公之不问朝士名，张师高之不发窃器奴，韩稚圭之不易持烛兵，不独雅量过人，正是用世高手。

译文 

吕圣公不计较来朝之士的名气大小而纳之，张师高对窃物的奴才不发配治罪，韩稚圭不替换无勇的士兵，这些人不单单是气量有过人之处，而且他们正是对人知人善任的治世之高人。

评点 

士，往往名高过实。兵，常常怯胆生勇。

佞佛若可忏罪，则刑官无权；寻仙可以延年，则上帝无主。达士尽其在我，至诚贵于自然。

译文 

奸佞之人如果可以忏悔罪过的话，那么主管刑罚的官吏便无事可做了；寻仙问道可以使人延年益寿的话，那么主管人寿的上天之帝则可有可无了。个人的修养全在于自我培养，最诚实的莫过于自然而生。

评点 

罪须罚，罚为罪果。人要教，教当在先。

以货财害子孙，不必操戈入室；以学校杀后世，有如按剑伏兵。

译文 

用钱财贻害子孙，不必操戈入室明火执仗地杀戮；在教育上贻误后代，有如伏兵挥剑戕害。

评点

富生家中鬼，贫有孝敬孙。若学无用术，当害几代人？

世味非不浓艳，可以淡然处之。独天下伟人与奇物，幸一见之，自不觉魄动心惊。

译文

人间的世风人情不是不浓重艳丽，但我们可以淡然处之。唯独天下的伟人和奇异的事物，如果有幸一见的话，便自有一种心动魄惊之感。

评点

奇人本不奇貌，奇在心中自然。山独本不在秀，而在人迹至罕。若有人声鼎沸，便市场一间。

立言亦何容易？必有包天、包地、包千古、包来今之识；必有惊天、惊地、惊千古、惊来今之才；必有破天、破地、破千古、破来今之胆。

译文

为世人树立言行之标准谈何容易？如此必有包容天地、包容千古之历史、包容今天与来世的见识；必须有惊天地、惊千古之史、惊今日与来世的才华；必须有窥破天地、窥破千古之史、窥破今日与来世的胆略。

评点

今人立言易，古人立言难。古人君子方立言，今人立言是小子。

圣贤为骨，英雄为胆，日月为目，霹雳为舌。

译文

以历代圣贤为己之风骨，以英雄胆略为己之胆魄，以日月光华为己之双目，以雷霆霹雳为己之口舌。

评点

大话可以不断，做事切要稳健。

平易近人，会见神仙济度；瞒心昧己，便有邪祟出来。

译文

如果平易近人，则自会得天地、神仙之帮助；自欺欺人，则自然会生出邪恶鬼怪之心。

评点

荡荡心胸，坦坦神韵，为人者理应如此这般。

佳人飞去还奔月，骚客[1]狂来欲上天。

注释 <<<

①骚客：文人墨客。

评点

心比天高，事比路难。

涯如沙聚，响若潮吞。

评点

人在天涯处，回首望家园。

> 诗书乃圣贤之供案[①]，妻妾乃屋漏[②]之史官。

注释 <<<

①供案：摆设祭品的几案。

②屋漏：房屋的西北隅。

译文

诗书不过是所谓圣贤摆设祭品的几案而已，而妻妾如记载家事的史官一般。

评点

家中有史不必记，人入黄土不问天。

> 强项者未必为穷之路，屈膝者未必为通之媒。故铜头铁面，君子落得做个君子，奴颜婢膝，小人枉自做了小人。

译文

不肯低头的人未必就是穷途末路之人，屈膝以求荣未必就能成为仕途顺畅的手段。所以说，铁面无私，刚直不阿，君子自然仍是个君子，而奴颜婢膝，小人自然仍旧白白地做了个小人。

评点

君子从未有铜头，一撞南墙都回头。只要心正行也正，哪怕是非眼前走。

一勺水，便具四海水味，世法不必尽尝。千江月，总是一轮月光，心珠宜当独朗。

译文 

一勺之水，便具有了所有水的味道，所以，行世之法，没必要去一一尽试。一千个江月，同是一轮明月所照，所以，无论何时何地，人心中当只有一月朗照。

评点 

人生有限，哪有百年尝试？学本无常，哪有一本万利？

面上扫开十层甲，眉目才无可憎。胸中涤去数斗尘，语言方觉有味。

译文 

去掉脸上多层的伪装，眉目才露出本相，而不可憎恶。洗涤掉心胸中的尘土，之后才能说出有味的语言。

评点 

每日自省，每日自审，便知心中龌龊，便知人当自觉。

愁非一种，春愁则天愁地愁。怨有千般，闺怨则人怨鬼怨。天懒云沉，雨昏花蹙，法界岂少愁云？石颓山瘦，水枯木落，大地觉多窘况。

译文 

愁并非只有一种，春愁则大于天愁地愁一样，怨有千种，而闺中之怨则重于人怨鬼怨一般。天倦云低，昏乱雨中花也似蹙眉，难道自然规法能少了愁云？颓败的山石使山显得瘦峻，水枯而木凋，整个大地更觉多了一些窘迫之状。

评点 

世愁千万，千万可愁之事。心宽数百，数百可喜之经。

湘缃递满而改头换面，兹津既湮，缥帙动盈而活剥生吞，斯风亦坠。先读经，然后可读史，非作文，未可作诗。

译文 

轮流读遍书籍竟读出别味，书中真谛已被湮没，阅遍典籍而囫囵吞枣，书中学风也随之坠失。只有先读经书，然后才可读史籍，尚未做文章，切不可先作诗。

评点 

文章也许有道，其道缈缈。文章也许有神，其神濛濛。

俗气入骨，即吞刀刮肠，饮灰洗胃，觉俗态之益呈。正气效灵，即刀锯在前，鼎镬[①]具后，见英风之益露。

注释 <<<

①鼎镬：古代煮物器具。此指酷刑。

译文 

媚俗之气渗入骨髓，如同吞下刀子刮肠，喝灰洗胃一般，使人更觉得俗态呈现。浩然正气效力于灵魂，即使是刀锯在前，鼎镬在后，仍使英武之气更加显露。

评点

人皆俗物，不必避俗气。人若自清，便可于俗中脱俗。

于琴得道机，于棋得兵机，于卦得神机，于兰得仙机。

译文

在琴中我们可寻得万物之道的关键，在棋中我们可得到兵书阵法之规律，在占卜的卦象之中我们可得到神的谕示，在兰花之中我们可参悟到神仙之真谛。

评点

人于心，可得何机？心有你我，心有华夷，心有老少，心有男女。问心，人生难题。

相禅[①]遐思唐虞[②]，战争大笑楚汉。梦中蕉鹿[③]犹真，觉后莼鲈[④]一幻。

注释 <<<

①相禅：禅让。

②唐虞：指尧舜。

③蕉鹿：《列子》中说，有一人将一只鹿打死后，藏到沟里，用蕉叶盖上。后来去取时，却忘了在哪里。用来比喻把真事看成梦幻的消极想法。

④莼鲈：以《晋书》中张翰的故事比喻思乡之情。

译文

遥想尧舜禅让之美德，应笑楚汉以战争伐之功。梦中的蕉鹿之事更觉真实，而醒后莼鲈之美味却如同梦幻一般。

评点

世人都谓无争好，可惜世人尽争人。大争争于国土，小争争于毫厘。息争之道，要得不易。

世界极于大千，不知大千之外更有何物？天宫极于非想，不知非想之外毕竟何穷？

译文 

世界穷极于大千，在这大千世界之外，我们不知还有什么东西。天堂宫殿穷极于我们的想象，而想象之外，我们尚不知还有多少未穷尽之物。

评点 

古人望宇宙，冥想天外天。欲问天宫何址，欲问天路何缘？

千载奇逢，无如好书良友，一生清福，只在茗碗垆烟。

译文 

千载难逢的奇事，莫如有好书良友，而一生清静之福，只是在品茗与美酒之间。

评点 

书为益友，终身不可废。酒为酷友，平时少接触。

作梦则天地亦不醒，何论文章？为客则洪濛无主人，何有章句？

译文 

做梦时，对于人来说天地也当属不醒状态，何论文章之清醒？人为时世之过客时，谁又是客之主人呢？更何有明主客之章句？

评点 

梦中文章不费墨，醒来便是纸一张。

非穷愁不能著书，当孤愤不宜说剑。

译文 

人未到穷困潦倒不得志之时，是不能著书立说的，当人在孤傲激愤时不宜谈刀论剑。

评点 

书生穷愁写文章，换得三钱喝酒汤。

心无机事，案有好书，饱食晏眠，时清体健，此是上界真人。读《春秋》在人事上见天理，读《周易》在天理上见人事。

译文 

心无动心机之事，书案上有喜好的书籍，每日饱食而晚睡，时时感到心清体健，这真是如同上天的神仙真人一般。读《春秋》则在世间人事之上参透天地道理，读《周易》则是在探索天地自然规律上洞见时世道理。

评点 

山中老虎水中鱼，不知人间日月。心底无事神有余，方读圣贤之书。

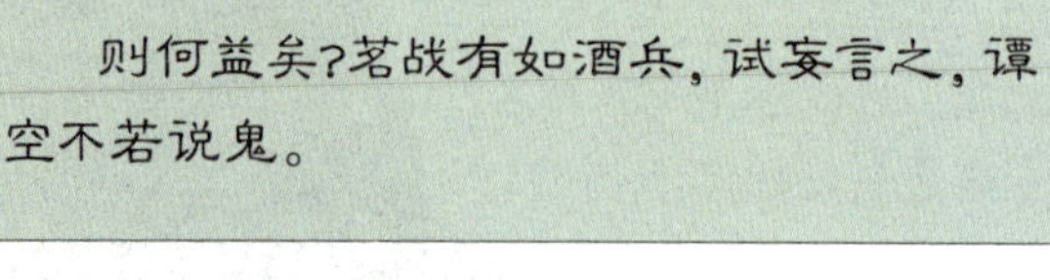

则何益矣？茗战有如酒兵，试妄言之，谭空不若说鬼。

译文 

有什么益处？品茗犹如斗酒，姑妄试着说之，空谈还不如说鬼。

评点

空谈便是谈空，其与说鬼一般。

镜花水月，若使慧眼看透。笔彩剑光，肯教壮志销磨。

译文

镜中花水中月，如果只有聪慧的眼目才能看透，那么，文采武气只有豪情壮志方可使之熠熠生辉。

评点

壮志去，人当老迈时。人已老迈，尚仍须努力。

烈士须一剑，则芙蓉赤精，而不惜千金购之。士人惟寸管[①]，映日干云之器，那得不重价相索。

注释 <<<

①寸管：指毛笔。

译文

英烈之士必佩一剑，方显英雄本色之真纯，所以不惜用千金购得。而文人志士只有手中笔一枝，能得呼风映日之武器，哪有不重价求得。

评点

英雄不在宝剑，墨客不在笔管。胸中一心壮志，颈下三寸豪气。

委形无寄，但教鹿豕为群。壮志有怀，莫遣草木同朽。

译文

置身无奢求，可以与野兽为伍。胸有壮志，莫要与草木同朽。

评点

人非兽，可以容兽。人非草木，终要入草木间。

论名节，则缓急之事小，较生死，则名节之论微，但知为饿夫以采南山之薇，不必为枯鱼以需西江之水。

译文

以名节论之，则事情的轻重缓急之事为小事，如果比较生死之事，那么名节的观念则显得微不足道，但我只认为穷困之人认可隐居山野以野菜为生，也大不必因失势而去阿谀奉承以求权势。

评点

人有志气，看最终结果，不计较一时一事。人有豪气，看大事晚节，不计较某年某月。

问近日讲章孰佳？坐一块蒲团自佳。问吾侪严师孰尊？对一支红烛自尊。

译文

如果问近来讲书谁最好？应属坐蒲团而学的自我最好。问我们这些人的严师谁最尊？那么只有面对红烛的自我最尊。

评点 

人非神仙圣贤，何拒一字之师？谁是群中俊杰，未必就是师长。

> 点破无稽不根之论，只须冷语半言；看透阴阳颠倒之行，惟此冷眼一只。

译文 

驳倒那些毫无根据的无稽之谈，只需冷语片言；而看透那些倒行逆施的行为，只需冷眼一只而已。

评点 

世人皆有废语时，无废语不成生活。世人皆有英明时，知人在说废话。

> 古之钓也，以圣贤为竿，道德为纶，仁义为钩，利禄为饵，四海为池，万民为鱼。钓道微矣，非圣人其孰能之？

译文 

古代的钓道，用圣贤之理为鱼竿，用伦理道德为鱼丝，用仁义道理为鱼钩，用功名利禄为食饵，以天下四海为鱼池，以万千民众为鱼。钓鱼之道虽小，但除非圣人又有谁能做到呢？

评点 

此钓非钓鱼之钓，此钓为钓国之钓。借问平民百姓，你敢试用此钓？

金河别雁，铜柱辞鸾，关山天骨，霜木凋年。

译文 

边河上别雁，界桩边辞鸾，边关山峰如铸天骨，树木经霜凋零又是一年。

评点 

英雄边关老，金戈沙场钝。留得一片国土，付去一年青春。

翻光倒影，擢菡于湖中；舒艳腾辉，攒于天畔。

译文 

摘一把荷花，花影倒映，荷叶田田闪烁着湖光水色；天边聚集七彩的彩虹，舒展着娇艳的色光，闪耀着耀眼的光辉。

评点 

荷在水面，出自污泥。虹在天边，只是雾气。

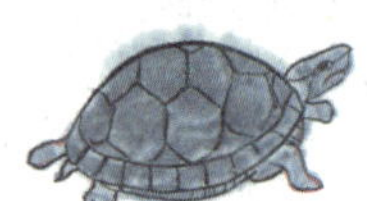

注释 <<<

①寸管：指毛笔。

卷九

绮

朱楼绿幕，笑语勾别座之春。越舞吴歌，巧舌吐莲花之艳。此身如在怨脸愁房红妆翠袖之间，若远若近，为之黯然[①]。嗟乎，又何怪乎身当其际者，拥玉床之翠而心迷，听伶人之奏而陨涕[②]乎？集绮第九。（作者引语）

注释 <<<

①黯然：沮丧的样子。

②陨涕：落泪。

译文

华丽的红楼装饰着绿色的帷幕，笑语欢声引来浓浓的春意。来自吴越的歌舞，歌喉像莲花一样清雅动人。如同身处充满愁怨穿着盛妆的妻妾之间，不即不离，十分沮丧。唉，又怎能怪身处此境中的人，说他们拥坐在白玉装饰的床上而为之倾倒，听艺人演奏而潸然泪下呢？集绮第九。

天台花好，阮郎却无计再来。巫峡云深，宋玉只有情空赋。瞻碧云之黯黯，觅女神其何踪。睹明月之娟娟，问嫦娥而不应。

译文

天台山的花虽好，阮肇却无法再来，巫峡云海茫茫，宋玉有情也只能空作赋。遥望沉沉云海，到哪去寻找女神踪迹。看着明媚的月亮，询问嫦娥却得不到回答。

评点

美好的景色、美丽的传说，都是人感情寄托的对象。如果没有了寄托和交流，那该是多么悲哀。

妆台正对书楼，隔池有影。绣户相通绮户，望眼多情。

译文

梳妆台正对读书楼，隔着池塘可见对方的身影。绣房的门与书房雕饰花纹的门相通，远远望上一眼就充满无限幸福之情。

评点

在封建礼教盛行的时代，爱情是被禁止的。但尽管如此，仍隔不断他们的爱慕之情。

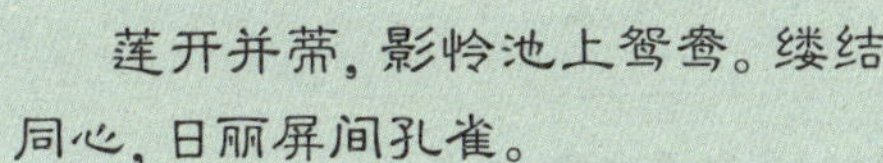

莲开并蒂，影怜池上鸳鸯。缕结同心，日丽屏间孔雀。

译文 

莲花开成并蒂莲，倩影怜爱着池上的鸳鸯。志同道合结成同心，好似灿烂阳光下屏间的孔雀一样。

评点 

并蒂莲、鸳鸯都是美好爱情的象征，但真正的爱情应该是建立在相互理解、志趣相投基础之上的。

堂上鸣琴操[①]，久弹乎孤凤。邑中制锦纹[②]，重织于双鸾[③]。

注释 <<<
①琴操：古琴曲名。
②锦纹：锦缎。
③鸾：凤凰一类的神鸟。

译文 

在堂上奏响琴操曲，弹久了就成了孤凤。到城中购制锦缎，重新织上双鸾。

评点 

人不能过于清高，不能超然于世。否则必然曲高和寡。

镜想分鸾[①]，琴悲别鹤[②]。

注释 <<<
①鸾镜：古代饰有鸾凤图案的梳妆镜。
②琴鹤：取琴鹤相随之意。比喻为官清廉。

译文 

梳妆镜想和装饰镜子的鸾分开，琴悲痛地与鹤别离。

评点 

世间很多事物，都存在于一种特定的对应关系之中。如果一定要打破这种对应和平衡，无疑会造成沉重的灾难。

> 春透水波明，寒峭花枝瘦。极目烟中百尺楼，人在楼中否？明月当楼，高眠如避，惜哉夜光暗投。芳树交窗，把玩无主[①]，嗟矣红颜薄命。

注释 <<<

①无主：无主花，旧时常用来比喻身世不幸漂泊沦落的女子。

译文 

明媚的春光透过水波，春色分外明，寒风凛冽，梅花格外削瘦。极目远眺烟尘中的百丈高楼，是否有人在楼上？明月照高楼，却躲在高楼上睡眠，真可惜了这明媚夜色。花木叩击窗户，把玩着无主花，可叹红颜薄命。

评点 

把酒临风、登高赏月，的确是人生的幸事。兴奋之余，应该想想有没有给他人造成伤害。

> 鸟语听其涩时，怜娇情之未转。蝉声已断处，愁孤节之渐消。

译文 

鸟的叫声，应听其未经训练之时，怜爱娇小的女孩儿，应在其情感未变的纯真之时。蝉鸣声已断之处，忧愁和独特节操也都渐渐消散了。

评点 

要善于发现、审时度世、抓住时机，否则时不我待，机会也将永远消失。

李后主宫人秋水，喜簪异花，芳草拂髻鬟。尝有粉蝶聚其间，扑之不去。

译文 

李后主的宫女秋水，喜在头上插奇花，用香草拂头发。曾有蝴蝶聚在她的头发上，驱赶也不飞走。

评点 

爱美之心人皆有之，即使是蝴蝶也知道追逐花粉的香气。但切记不可过于标新立异。

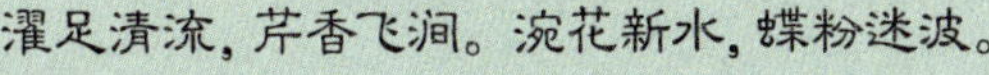
濯足清流，芹香飞涧。浣花新水，蝶粉迷波。

译文 

在清流中洗脚，芹的香气溢满山涧。浣溪溅起水花的新水，蝴蝶粉迷惑了清波。

评点 

近朱则赤，近墨则黑。凡有着高尚目标和追求的人，自然会选择有高尚道德的人为友。

看花步男子，当作女人。寻花步女人，当作男子。

译文 

看男子走花步，一步三摇，竟被当做女人。寻找走花步的女人，却当做是男子。

评点 

男女有别，本来很容易区分。谁知仅仅一个“花步”，就使人难以辨清。看起来，真需要孙行者的火眼金睛。

窗前俊石[①]冷然，可代高人把臂[②]。槛外名花绰约，无烦美女分香。

注释 <<<

①俊石：美石。

②把臂：把人手臂，表示亲密。

译文 

窗前的美石冷俊森然，可以代替给高人把臂。槛外的名花多姿多彩，不必烦劳美女分出香气。

评点 

世事难料，人生如梦。到头来，应知一切都是一场春梦。

新调初裁，歌儿[①]持板待的。阄题方启，佳人捧砚濡毫[②]。绝世风流，当场豪举。

注释 <<<

①歌儿：歌僮。

②濡毫：用笔蘸墨，指写作。

译文 

新曲刚刚制成，歌僮持牙板等待演唱。抓阄的题目刚打开，佳人已经捧来砚台开始写作。真是绝世风流，当场豪放的举动。

评点 

风流本不必都是月下美人、诗词歌赋。只要兴之所至，出自真情，亦是美好人生。

野花艳目，不必牡丹。村酒醉人，何须绿蚁[1]。

注释 <<<
①绿蚁：古酒上浮起的绿色泡沫。也做酒的代称。

译文 

野花同样赏心悦目，不一定只有牡丹。村酒同样醉人，何须一定有绿蚁。

评点 

野花、村酒虽不名贵，却别有一番风味。因为都不饰雕琢，更接近自然。

桃红李白，疏篱细雨初来。燕紫莺黄，老树斜风乍透。

译文 

桃花红李花白，细细的春雨透稀疏的篱墙初来。紫色的燕子和黄莺，突然一缕斜风透过古树吹来。

评点 

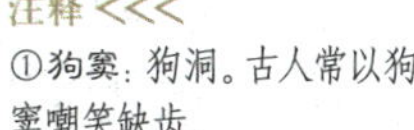

春光明媚，可能忽有寒风吹来，漫长人生，自然难免遇到坎坷。只要不失去信心，就会迎来光明。

注释 <<<
①狗窦：狗洞。古人常以狗窦嘲笑缺齿。

佳人病怯，不耐春寒。豪客多情，尤怜夜饮。李太白之宝花宜障，光孟祖之狗窦[1]堪呼。

译文 

佳人病后体质虚弱，耐不住春寒。豪客多情，尤其喜爱夜里饮酒。李太白的珍贵名花应用帷障遮护，光孟祖因缺牙齿，可以用狗窦来称呼他。

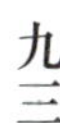

评点 

人本不同，可以区别对待。但以人生理缺欠嘲笑人，却是不该。

> 芭蕉，近日则易枯，迎风则易破。小院背阴，半掩竹窗，分外青翠。

译文 

芭蕉距阳光太近，则易枯萎，处于迎风的地方，则易破损。小院背阴，芭蕉半掩竹窗，显得分外青翠。

评点 

万物的生存都需有良好的自然环境。自然环境一旦被破坏，对人和植物都将是最沉重的灾难。

> 欧公香饼[①]，吾其熟火无烟。颜氏隐囊[②]，我则斗花[③]以布。

注释 <<<

①香饼：用以焚香的石炭。
②隐囊：靠枕。
③斗花：赛花。

译文 

欧阳修的石炭，我只见深红的火而无烟。颜延之的靠枕，我用布和它比赛花的多少。

评点 

名人轶事，常是人们茶余饭后的话题。固然有趣，但不可随意模仿失掉了自己。

> 黄鸟让其声歌，青山学其眉黛。

译文

黄鸟不如她的歌声，青山学她的妆扮。

评点

人出青山境，便做青山人。说是青山语，画是青山纹。然而青山如见佳人，便卸了肃妆，丢了清魂。

浅翠娇青，笼烟惹湿。清可漱齿，曲可流觞。

译文

小溪浅翠晶莹，笼罩在湿湿的雾里。清得可以漱口，曲折得可以流觞戏酒。

评点

古人流觞戏饮酒，曲曲折折"路"难走。只愁杯深肚子浅，难装几壶高粱酒。

风翻贝叶，绝胜北阙[①]除书[②]。水滴莲花，何似华清宫漏。

注释 <<<

①北阙：宫殿北边的门楼。是臣子等候召见或上书奏事的地方。

②除书：授官职的文书。

译文

风翻动佛经，绝对胜过北阙门楼中的升官文书。水滴在莲花上，多么像华清宫中的计漏。

评点

读佛诵经，本是清净所为。北阙除书，当算肉搏人生。

柳花燕子，贴地欲飞。画扇练裙，避人欲进。此春游第一风光也。

译文

柳絮燕子，贴着地欲飞起。妇女画扇子，想进又要避人。这是春游的第一风光。

评点

春游尚未出门，哪知女眷画扇？回视若算一景，大可不必赏春。美人人皆可视，香草人皆可闻。只是前有雷池，不可越过一寸。

乌纱帽挟红袖登山，前人自多风致。

译文

当官的挟美女登山，前人自多风流情致。

评点

为官有美女游乐，为民有愁苦难过。

楚江巫峡半云雨，清簟疏帘看弈棋。

译文 

楚江巫峡云雨一半，干净的竹席稀疏的竹帘看着下围棋。

评点 

巫峡云雨出神女，楚江新月近照人。

美丰仪人，如三春新柳，濯濯风前。

译文 

美丽丰满的妙女，像三春的新柳，明媚风前。

评点 

千姿百态，人世妩媚。

涧险无平石，山深足细泉。短松犹百尺，少鹤已千年。

译文 

山涧艰险没有平坦石头，山景幽深到处是细细的泉水。矮松树犹高百尺，小鹤寿已有千年。

评点 

松矮亦是撑天物，鹤少也应鸣唳天。人生都有三寸气，几个能算英雄汉？

清文满箧，非惟芍药之花。新制连篇，宁止葡萄之树。

译文 

清雅的文章满箱，并非只有芍药花。新作连篇，岂可只有葡萄树。

评点 

古今文章千千万，传世有几篇？古今写家万万千，几个不气短？

梅花舒两岁之装，柏叶泛三光之酒。飘飖余雪，入箫管以成歌。皎洁轻冰，对蟾光而写镜。

译文 

梅花舒展两岁的装扮，酒中泛着柏叶泛射的日月星三光。飘飘的雪花，落入箫管变成歌曲。皎洁的薄冰，对着月光若镜。

评点 

夜静听山鸟，月明赏幻境。忽然雪来到，留下一片冰。

九重仙诏，休教丹凤衔来。一片野心，已被白云留住。

译文 

九道玉帝诏书，不要让凤凰衔来。一片游野之心，已经被白云留住。

评点 

天官不去做，宁可在人间。无意仙丹酒，一日有三餐。

> 到来都是泪，过去即成尘。秋色生鸿雁，江声冷白蘋。

译文 

到来的都是泪水，过去了就成烟尘。秋色生鸿雁飞，江水声冷落了白蘋。

评点 

心不开，日日有苦，日日有泪，哪天能到头？想得开，日日有喜，日日有笑，哪天没有乐？

> 斗草春风，才子愁销书带翠。采菱秋水，佳人疑动镜花香。

译文 

春风中斗草，才子之愁销尽书籍也带翠色。秋水中采菱，佳人怀疑花香惊动了镜子。

评点 

才子佳人本为美谈，说来却也令人心寒。世上落魄公子多，富家千金有几班？

卷十

豪

今世矩视尺步之辈[1]，与夫守株待兔之流，是不束缚而阱者也。宇宙寥寥，求一豪者，安得哉？家徒四壁，一掷千金，豪之胆；兴酣落笔，泼墨千言，豪之才；我才必用，黄金复来，豪之识。夫豪既不可得，而后世倜傥之士，或以一言一字写其不平，又安与沉沉故纸同为销没乎！集豪第十。（作者引语）

译文

现今把世上的规矩严格遵循的人，与守株待兔之流，是不用捆绑就在陷阱里。宇宙阔大，寻求一个豪爽者，哪里获得呢？家徒四壁，一掷千金，是豪者的胆气；兴酣落笔，作画写文，是豪者的才能；天生我才必有用，黄金散去还复来，是豪者的旷达之见。英豪既然不可得，而后世的潇洒之士，或者用一字一句写其心中不平，又为什么与古书故纸一同销磨呢！集豪第十。

评点

古来文士多潇洒，多在纸上少在人。若说家已徒四壁，千金一掷从何来？由是今人可知见：古来豪士几人真？

注释<<<

①尺步之辈：指循规蹈矩的人。

桃花马上，春衫少年侠气。贝叶斋中[①]，夜衲老去禅心。

注释 <<<

①贝叶斋：指佛家经堂。

译文

如若桃花在马上，穿着春衫的少年有侠气。佛斋里面，夜晚和尚因老去了禅心。

评点

人生少年自意气，人至老年自清醒。

不能用世而故为玩世，只恐遇着真英雄。不能经世而故为欺世，只好对着假豪杰。

译文

因为不能为世所用而游戏社会，只怕遇到真英雄。因为不能把握社会而欺世，只好面对假豪杰。

评点

世为人生之境，不可毁，只可建；不可欺，只可诚。

绿酒但倾，何妨易醉。黄金既散，何论复来！

译文 

绿酒已经倾尽，何妨轻易醉倒。黄金已经散去，何必再说复来！

评点 

日日有酒，且算酒友。天天算钱，便是财奴。

诗酒兴将残，剩却楼头几明月。登临情不已，平分江上半青山。

译文 

吟诗饮酒之兴将残，剩下了楼头上的略明的月亮。登临高处情不尽，平分江上的一半的青山。

评点 

夜酒赏月，古人多少轶事。如今无月，今人许些憾情。

闲情消白日，悬李贺呕字之囊。搔首问青天，携谢朓惊人之句。

译文 

闲情中消磨白天，悬起李贺炼字的诗囊。搔首动问青天，携来谢朓的惊人诗句。

评点 

学李贺千般辛苦，辛苦你未必就出好诗。像谢朓万番锤炼，锤炼你未必就惊人。

假英雄专映不鸣之剑，如此锋铓，遇真人而落胆。穷豪杰惯作无米之炊，此等作用，当大计而扬眉。

译文

假英雄专用小声不鸣的宝剑，如此露锋芒，遇到真英雄就会掉胆。穷豪杰习惯做无米之饭，这样的作用，是人生大计而应该抬起头来。

评点

英雄不可假做，假作总有真羞的一天。为大计可忍小节，小节不可影响大计。

风会口靡[1]，试具宋广平之石肠。世道莫容，请收姜伯约之大胆。

注释 <<<

①口靡：中医指口舌生病。此指口碑不好。

译文

风传口坏，试着具有宋广平的铁石心肠。世道不容，请收下姜维的大胆。

评点

人口有舌，舌为利器。可掘山开路，可锯栋参天。

清襟凝远，卷秋江万顷之波。妙笔纵横，挽昆仑一峰之秀。

译文

清高的胸襟定在高远之处，卷起秋江万顷波浪。妙笔纵横描画，挽来昆仑一峰秀色。

评点

气吞山河，志壮乾坤。眼中有远眺，笔下有高节。

闻鸡起舞，刘琨[1]其壮士之雄心乎？闻筝起舞，迦叶[2]其开士之素心乎？

注释

①刘琨：晋人。与友互相勉励，每日鸡鸣即起舞剑，立志报国。

②迦叶：释迦牟尼之门徒。

译文

闻听鸡叫起来舞剑，是刘琨的壮士雄心吗？闻听筝奏起来跳舞，是迦叶禅宗开启了士人的素净之心吗？

评点

鸡叫每日，何人舞剑？何人走舞？又何人懒睡？而今社会，鸡叫又去何处寻？

读书倦时须看剑，英发之气不磨。作文苦际可歌诗，郁结之怀随畅。

译文

读书疲倦时须要看剑，英发之气因此不磨灭。作文苦楚时可以吟诗，郁闷情怀随之而畅快。

评点

志可立，不可夺，哪管时时艰难；情可抒，不可俗，怎问处处坎坷。

交友须带三分侠气，做人要存一点素心。

译文 

交朋友须带着三分侠义气，做人要保存一点素清心。

评点 

男人无侠气，只为柳木一枝。女人无柔情，只成落花一瓣。

> 栖守道德者，寂寞一时。依阿权变者，凄凉万古。

译文 

牢牢把握道德的人，会寂寞一时。依附阿谀权贵变通的人，会凄凉万古。

评点 

道德若是该守，不必问千古万古。寂寞若是该耐，不用等权变世迁。

> 深山穷谷，能老经济才猷。绝壑断崖，难隐灵文奇字。

译文 

深山穷谷，能使经国济世的才能老道。绝谷断崖，难藏住机巧的文章奇特的书法。

评点 

不问世外，如何经国济世？灵文奇字，定有世外高人。

> 献策金门苦未收，归心日夜水东流。扁舟载得愁千斛，闻说君王不税愁。

译文 

去王宫献策苦于未被收下，归家的心日夜随水向东流淌。小船载得了千斛愁思，听说国王不为税发愁。

评点 

文人匹夫志，想是为国家。哪知国家大，不知门向哪。君王结权势，百姓受重压。只因税赋贪，五谷难长大。

> 世事不堪评，拨卷神游千古上。尘氛应可却，闭门心在万山中。

译文 

世事不堪评说，拨开书卷神游上古千年。尘世风气可以拒绝，关上门心在万山丛中。

评点 

不问现在，莫问未来，不操油盐家事心，不念安危国事悬。一天一天又一天，一年一年又一年，天天如此，如此天天。

> 负心满天地，辜他一片热肠。恋态自古今，悬此两只冷眼。

译文 

负心布满了天地，辜负了他一片火热心肠。迷恋的样子从古至今，悬起这两只旁观的冷眼。

评点 

世人皆负心，本无不负人心之人。世人皆恋生，哪有不恋弃恋之人。

龙津[①]一剑，尚作合于风雷。胸中数万甲兵，宁终老于牖下。此中空洞原无物，何止容卿数百人。

注释 <<<

①龙津：本指龙门。此引指为名剑。

译文 

龙津一把剑，挥动风雷。胸有数万甲兵，最后老于窗下。这里空空原本没有东西，何止装下你数百人。

评点 

豪者胸中起风雨，布下心上百万兵。

英雄未转之雄图，假糟丘[①]为霸业。风流不尽之余韵，托花谷为深山。

注释 <<<

①糟丘：酒糟之山。

译文 

英雄未能转而施展雄图大略，借糟山成就霸业。风流未尽的余韵残风，把花圃里沟谷当成深山。

评点 

秀才纸上谈兵，实为无耐。武夫沙场折花，假充斯文。

红润口脂，花蕊乍过微雨。翠匀眉黛，柳条徐拂轻风。

译文 

红润的口红，花蕊刚经细雨。眉黛均匀艳丽，柳枝慢拂轻风。

评点 

男妆雄武以示英豪，女妆妩媚当做天仙。

卷十一

法

自方袍幅巾之态遍满天下，而超脱颖绝之士，遂以同污合流矫之，而世道不古矣！夫迂腐者既泥于法，而超脱者又越于法，然则士君子亦不偏不倚，期无所泥越则已矣。何必方袍幅巾，做此迂态耶！集法第十一（作者引语）

译文

自从身穿僧衣头戴幅巾的样子遍满了天下，而非常超脱和聪明的人，于是就以同流合污而来矫正，世道不古了！迂腐的人既拘泥于法，而超脱的人又僭越于法，然而有道的君子也是不偏不倚的，期望没有什么一定要拘泥遵守或抛开不顾的就可以了。何必穿方袍戴幅巾，做出如此迂腐的样子呢！集法第十一。

评点

方袍幅巾，饱学之士。摇摇摆摆，以为皆知。其实人间，许多变化。既要僭越，又要拘泥。

世无乏才之世，以通天达地之精神而辅之，以拔十得五之法眼。一心可以交万友，二心不可以交一友。

译文

世上没有缺乏人才的时候，用通天彻地的精神去寻找，有拔十得五的通达眼光。一个心思可以交一万个朋友，两个心眼不可以交一个朋友。

评点

人才是一种合于使用的人，只要用人者善于发现，五步之内必有芳草。

凡事留不尽之意则机圆，凡物留不尽之意则用裕，凡情留不尽之意则味深，凡言留不尽之意则致远，凡光留不尽之意则趣多，凡才留不尽之意则神满。

译文

凡是做事留一点余地就会变化圆满，凡是东西留一点余地就会富裕使用，凡是感情留一点余地就会意味深长，凡是说话留一点余地就会达到遥远，凡是兴致留一点余地就会趣情增加，凡是人才留一点余地则神韵饱满。

评点

国人的文化是一种“留余地文化”，此种文化由于不走极端而极具实践价值。只是在“人民内部”余地可留，但市场经济却难讲情面。此事必须有时有晌，有放有收。

有世法，有世缘，有世情。缘非情则易断，情非法则易流。

译文

有处世的原则和法律，有处世的缘分，有处世的情感。如果缘分不是情感就容易折断，如果情感不受原则和法律约束就容易放纵。

评点 

法与情，法与理，人与法，世间纠缠。有弹性，有空子，有控制，是是非非。

世多理所难必之事，莫执宋人道学。世多情所难通之事，莫说晋人风流。

译文 

世上有许多仅仅靠道理所无法解决的事情，不要用宋人的道学来衡量。世上有许多仅仅靠情致所无法通达的事情，不要说晋人的风流潇逸。

评点 

世间有千事万事，因此必有千理万情。做人要有一定之规，做事却必须因势利导。

与其以衣冠误国，不若以布衣关世。与其以林下而矜冠裳，不若以廊庙而摽泉石。

译文 

与其以衣冠楚楚的样子耽误国家，不如以穿百姓的布衣关心社会。与其因隐居而岸然道貌地穿着衣服，不如把朝廷政事当成是扔到泉水中的石头。

评点 

凡是做事，要举重若轻。凡是观人，要避虚就实。个人固重要，国家亦万钧。

莫行心上过不去事，莫存事上行不去心。

译文 

不要做心里不愿意的事情，不要有做行不通事情的心思。

评点 

世上万般，横竖一个理字。此理为道理为法理。顺理而行，切莫悖理而动。

以积货财之心积学问，以求功名之念求道德，以爱子之心爱父母，以保爵位之策保国家。

译文 

用积攒财富的心劲去积蓄学问，以求取功名的念头去求取道德，用爱护子女的感情去爱父母，以保持官位的方法去保卫国家。

评点 

将心比心，将事比事。若有心劲，可用于该用之处。若有情感，可付于当付之人。

才智英敏者，宜以学问摄其躁。气节激昂者，当以德性融其偏。

译文 

才华智慧突出的人，适合以学问来收敛他的浮躁。慷慨激昂重气节的人，应当以德性的修养来融和其偏颇。

评点 

平衡是一种力的技巧，均衡是一种动态平均，纠偏是一种补充措施，通融是一种心理能量的释放。

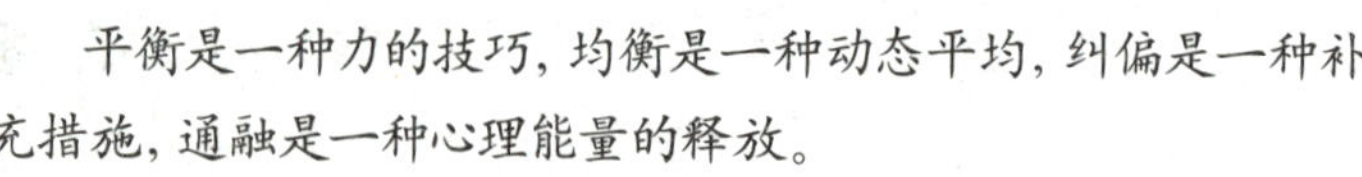

> 何以下达？惟有饰非。何以上达？无如改过。

译文 

用什么向下传达？只有掩饰错误。用什么向上传达？不如改正过失。

评点 

“以国家的名义”、“以政府的名义”、“以政治的名义”、“以党派的名义”，此类的名义有许多理直气壮之处。然而名义之下，却又有许多是非颠倒，雌黄皂白。

> 一点不忍的念头，是生民生物之根芽。一段不为的气象，是撑天撑地之柱石。

译文 

一点不忍心的念头，是养民养物的萌芽根须。一些拒绝做违心事的现象，是顶天立地的柱石。

评点 

不为不是无为，而是不可以为或不可能为。人要有原则，要有骨气，要有善念。

> 君子对青天而惧，闻雷霆而不惊；履平地而恐，涉风波而不疑。

译文

君子对青天畏惧，听到雷霆却不惊吓；走平地而生恐惧，遇到风波而不疑惑。

评点

君子畏天命，畏平凡，却不惧千难万险。

> 不可乘喜而轻诺，不可因醉而生嗔，不可乘快而多事，不可因倦而鲜终。

译文

不可以趁着兴奋而轻易许诺，不可以因为醉意而生嗔怪，不可以趁着快活而多生事端，不可以因为疲倦而办事有头无尾。

评点

人皆平常，难免有错。未雨绸缪，方为上策。

> 意防虑如拨，口防言如遏，身防染如夺，行防过如割。

译文

意念要防止思虑被挑动，口要防止语言的伤害，身体要防止染病像夺命一样，行为要防止过错像刀割一般。

评点

战战兢兢，如履薄冰。一生谨慎，小心做人。

卷十二

倩

倩不可多得，美人有其韵，名花有其致，青山绿水有其丰标。外则山癯韵士，当情景相会之时，偶出一语，亦莫不尽其韵，极其致，领略其丰标。可以启名花之笑，可以佐美人之歌，可以发山水之清音，而又何可多得！集倩第十二。（作者引语）

译文

倩影不可多得，美女有她的风韵，名花有它的风度，青山绿水有它的仪态。在外面就是山瘦丰富诗人感情，当诗情与风景相会合时，偶然说出一句，也没有不描绘尽其韵神，极写其风度，领略其仪表风范的。可以使名花开绽笑脸，可以伴美人歌唱，可以发出山水的清峭的声音，而又怎么可以多得！集倩第十二。

评点

倩是一种不过分灿烂的美丽，倩是一种清秀的俊俏，倩是一种清逸的风韵，倩是一种自然的仪表。倩，只可领受，不可奢求。

会心处，自有濠濮间想①，然可亲人鱼鸟。偃卧时，便是羲皇上人，何必秋月凉风？

注释

①濠濮间想：指庄子与惠子在濠梁交往，与庄子在濮水垂钓的典故。此谓消闲清淡的思绪。

译文 

会心的地方，自然就有了悠闲清雅的思绪，然后可以亲近人、鱼和鸟。懒懒地躺着时，就是伏羲皇上，何必有秋月凉风。

评点 

人学会亲近自然，最好的方法是不打扰自然。人近鱼鸟，实在是鱼鸟的悲哀。懒懒躺下，可以放松身体放松灵魂，即使做上一把羲皇，也无人问津。

一轩明月，花影参差，席地便宜小酌。十里青山，鸟声断续，寻春几度长吟。

译文 

一院明月，花影模糊，席地方便地小饮。十里青山，鸟声时断时续，寻觅春天几次长吟。

评点 

人赏月，鸟寻春，情中有景，景中涵情。

入山采药，临水捕鱼，绿树阴中鸟道。扫石弹琴，卷帘看鹤，白云深处人家。

译文 

进山采药，水边捕鱼，绿树掩映着山路。扫石弹琴，卷帘看鹤，白云深处的人家。

评点 

家居白云深处，如在天上仙境。只是出门访友，一走就是半天。

焚香看树，人事都尽。隔帘花落，松梢月上。钟声忽度，推窗仰视：河汉流云，大胜昼时。非有洗心涤虑得意爻象之表者，不可独契此语。

译文 

点香看树，人间的事情都结束了。隔着竹帘看到花落，月亮升到松树顶上。钟声忽然从远处传来，推开窗户仰望：星河流云，美丽远远胜过白天。一定得有洗净心神而为获得对宇宙表象的理解得意不止的人，不可以独自领会这其中的语言。

评点 

天有籁音，无心不听。夜有胜景，无眼不成。领略禅音，还需心静。

秋风解缆，极目芦苇。白露横江，情景凄绝。孤雁惊飞，秋色远近。泊舟卧听，沽酒呼卢。一切尘事，都付秋水芦花。

译文 

秋风解开缆绳，极目眺望芦苇。江横白露时节，情景凄凉。孤雁受惊而飞，秋色由远而近。停船躺下倾听，饮酒后的呼噜声。一切尘事，都交给了秋水芦花。

评点 

秋景凉凄人心，秋色忧伤人目。深秋一片水冷，旅人寒自丹田而生。

赏花须结豪友，观妓须结淡友，登山须结逸友，泛舟须结旷友，对月须结冷友，诗雪须结艳友，捉酒须结韵友。

译文 

赏花须与豪放朋友结伴，观妓须与淡雅朋友结伴，登山须与高逸朋友结伴，泛舟须与旷达朋友结伴，弄月须与冷峻朋友结伴，玩雪须与美艳朋友结伴，饮酒须与写诗朋友结伴。

评点 

人生交朋友，虚多实少。人生赏花月，情多意少。

问客写药方，非关多病。闭门听野史，只为偷闲。

译文 

问客人情况开药方，不是关于什么病。关上门听野史故事，只是为了偷闲。

评点 

心病有药难治，野史也有真情。

岁行尽矣，风雨凄然。纸窗竹屋，灯火青荧。时于此间得小趣。

译文 

岁末将尽，风雨交加。纸窗竹屋里，灯火青荧。不时地从这里得到一点小小的乐趣。

评点 

灯高下亮，有一点模糊。风雨拍门，多一点声响。此中也有凄情，此中亦有野趣。

插花着瓶中，令俯仰高下、斜正疏密，皆有意态，得画家写生之趣，方佳。

译文

把花插在瓶中，让其低下抬起、斜正疏密不同，全都有各自神态，得到画家写生的情趣，才是最好的。

评点

插花一枝，不必计较。插花一簇，便有高低。

法饮宜舒，放饮宜雅，病饮宜小，愁饮宜醉；春饮宜郊，夏饮宜野，秋饮宜舟，冬饮宜室，夜饮宜月。

译文

平时饮酒宜舒适，放开饮酒宜雅致，病里饮酒宜小器，愁中饮酒宜醉去；春天饮酒宜郊外，夏日饮酒宜郊野，秋季饮酒宜泛舟，冬月饮酒宜室内，夜晚饮酒宜赏月。

评点

酒当有饮，人生几回得醉？酒当有戒，不可无时无晌。

明窗净几，好香苦茗，有时与高衲谈禅。豆棚菜圃，暖日和风，无事听友人说鬼。

译文

窗明几净，好的香苦的茶，有时与高僧谈禅。豆棚菜圃，暖日和风，没事听朋友说鬼。

评点

说禅可言高语，说鬼只能俗话。

花事乍开乍落，月色乍阴乍晴，兴未阑，踌躇搔首。诗篇半拙半工，酒态半醒半醉，身方健，潦倒放怀。

译文

花朵乍开乍落，月亮乍暗乍明，兴未尽，犹豫搔头。诗作半巧半拙，酒态半醒半醉，身体还好，敞开胸躺在地上。

评点

春日花乍开，秋时花乍落。夜清月乍明，夜浊月乍暗。其时何必犹豫，日子从来如此。

幽居虽非绝世，而一切使令供具交游晤对之事，似出世外。花为婢仆，鸟为笑谈，溪漱涧流代酒肴烹炼。书史作师保，竹石质友朋，雨声云影，松风萝月，为一时豪兴之歌舞。情景固浓，然亦清趣。

译文

隐居虽然不是与世隔绝，而一切的准备酒食的交游会面的事，都像发生在世外。花为婢仆，鸟为笑谈，溪水涧流代替酒菜烹炸。书籍作老师，竹石为友朋，雨声云影，松林的风藤萝中的月，为了一时的豪侠兴致而歌舞。情景虽然浓烈，然而也是清雅之趣。

评点

千般好，万般好，隐者心性最佳。千种幽，万种幽，世人有心难品。

午罢无人知处，明月催诗。三春有客来时，香风散酒。

译文 

夜半无人知道是什么地方，明月催促写诗。暮春有客来的时候，风散酒香。

评点 

人无心，月有意。客有来，酒无魂。天地自然。

何处得真情？买笑不如买愁。谁人效死力？使功不如使过。

译文 

什么地方能得到真情？买欢笑不如买忧愁。哪个人以死效力？用奖赏不如用惩罚。

评点 

愁不该买，何人没有？罚应该用，无惩怎能立威？

旨愈浓而情愈淡者，霜林之红树。臭愈近而神愈远者，秋水之白蘋。

译文 

香气愈浓而情谊愈淡的人，是霜打树林红了树。气味愈近而心神愈远的人，是秋水里的白蘋。

评点 

火宜外实而内虚，人宜外虚而内实。

扁舟空载，赢却关津不税愁。孤杖深穿，揽得烟云闲入梦。

译文 

小船空载，绕过了关卡不用为交税发愁。一个人执杖走向深处，揽得烟云闲来入梦。

评点 

空载无税本该愁，夜晚下锅米何求？潇洒只因没生意，空走江湖心难收。

幽堂昼密清风，忽来好伴。虚窗夜朗明月，不减故人。

译文 

幽阴的屋中白天不断有清风，忽然来了好朋友。虚掩的窗外夜清月明，没有减少朋友。

评点 

暑夏昼享清风爽，清夜外赏月光明。

相美人如相花，贵清艳而有若远若近之思。看高人如看竹，贵潇洒而有不密不疏之致。

译文 

看美人如看花，贵在清雅艳丽而有若远若近之意。看高雅人如看竹，贵在潇洒而有不密不疏的风度。

评点 

人非物，但可与物比。物非人，可有人性。

梅称清绝，多却罗浮一段妖魂。竹本潇疏，不耐湘妃数点愁泪。

译文 

梅花以清绝著称，却多了一段罗浮的仙魂故事。竹本来潇洒孤傲，不耐烦湘妃的几点愁泪。

评点 

罗浮湘妃均是仙，不知为何来人间。古来天宫多寂寞，不若尘世多浪漫。

眉端扬未得，庶几在山月吐时？眼界放开来，只好向水云深处。

译文 

眉梢没有扬起来，但愿是在山月刚刚升起的时候。眼界放开来，只好望向水云深处。

评点 

山月实可赏，水云亦可观。只要心有意，眼光自然宽。